Inhalt der Beilage

Lösungen der Tests 1 bis 13
Lösungen der Schulaufgaben 1 bis 8
Inhaltlicher Bezug der Tests zu den Kapiteln der Schulbücher anderer Verlage
Inhaltlicher Bezug der Schulaufgaben zu den Kapiteln der Schulbücher anderer Verlage
Inhaltlicher Bezug der Tests zu den Kapiteln von mathe.delta 7
Inhaltlicher Bezug der Schulaufgaben zu den Kapiteln von mathe.delta 7
Mögliche Notenschlüssel für Tests und Schulaufgaben

Erklärung der Zeichen und Angaben

inhaltlicher Bezug

Bearbeitungszeit

Note gemäß Notenschlüssel

SCHULAUFGABE 1 40 min

NAME: *Erwartungshorizont* KLASSE: ____ DATUM: ________

THEMA: Term und Zahl
Achsen- und punktsymmetrische Figuren

INSGESAMT ERREICHTE PUNKTE: 30 / 30
Note: 1

1 K2/4/5

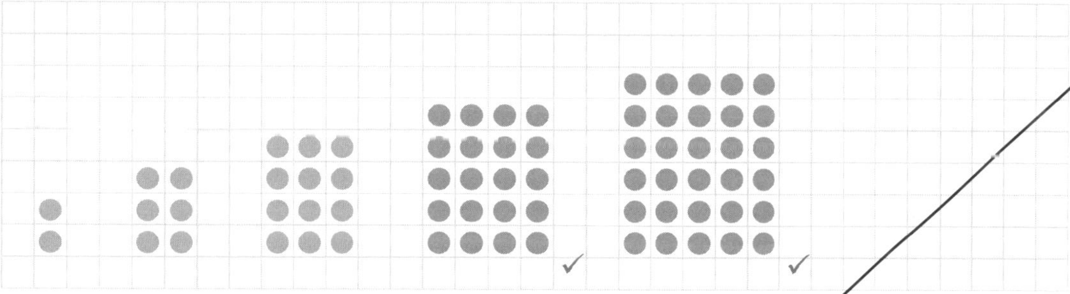

a) Setze die Reihe um zwei Schritte fort.
b) Stelle einen Term auf, der die Anzahl der Punkte beim n-ten Muster angibt, und berechne damit die Punktzahl im 13. Schritt.

$T(n) = n \cdot (n+1) = n^2 + n$ ✓✓

$T(13) = 13^2 + 13 = 169 + 13 = 182$ ✓✓

5 / 5

ein Punkt
(halber Punkt: ✓)

Prozessbezogene Kompetenzen
K1: Argumentieren
K2: Probleme lösen
K3: Modellieren
K4: Darstellungen verwenden
K5: Mit symbolischen, formalen und technischen Elementen der Mathematik umgehen
K6: Kommunizieren

erreichte/erreichbare Punkte

Test 1

15 min

NAME: *Erwartungshorizont* KLASSE: ____ DATUM: ________

THEMA: Aufstellen, Darstellen und Interpretieren von Termen

INSGESAMT ERREICHTE PUNKTE: *15* / 15

Note: *1*

1 Stelle einen passenden Term auf. Erläutere die Bedeutung der Variablen und des Terms. K3/5/6

Verdoppelt man Isabells Alter und subtrahiert 3, so weiß man, wie alt Madeleine ist.

x: das Alter von Isabell ✓ *T (x): das Alter von Madeleine* ✓

$T(x) = 2x - 3$ ✓

2 / 2

2 Gegeben ist ein rechtwinkliges Dreieck D. K4/5

a
D
8a

a) Gib an, was man mithilfe des Terms $T(a) = (8a \cdot a) : 2$ berechnen kann.

Mithilfe von T (a) kann man den Flächeninhalt des Dreiecks D berechnen. ✓

b) Ergänze die Tabelle und notiere deine Rechenschritte.

a	10	2	*1* ✓✓	0,5
T (a)	*400* ✓✓	*16* ✓✓	4	*1* ✓✓

$T(10) = (8 \cdot 10 \cdot 10) : 2 = 800 : 2 = 400$

$T(2) = (8 \cdot 2 \cdot 2) : 2 = 32 : 2 = 16$

durch geschicktes Probieren: $T(1) = (8 \cdot 1 \cdot 1) : 2 = 8 : 2 = 4$

$T(0{,}5) = (8 \cdot 0{,}5 \cdot 0{,}5) : 2 = (8 \cdot 0{,}25) : 2 = 2 : 2 = 1$

7 / 7

Bitte wenden!

3 Tom baut Türme aus gleich großen Würfeln. K1/4/5

1. Figur 2. Figur 3. Figur

a) Gib jeweils an, aus wie vielen Würfeln die angegebene Figur besteht.

4. Figur: *9 Würfel* ✓ 10. Figur: *21 Würfel* ✓

b) Stelle einen Term für die n-te ($n \in \mathbb{N}$) Figur auf.

$T(n) = (n + 1) + n$ ✓✓

c) Emil behauptet: „Wenn ich die Anzahl der Würfel in der untersten Reihe quadriere und eins subtrahiere, erhalte ich die Anzahl der für die Figur benötigten Würfel.“
Entscheide und begründe, ob Emil Recht hat.

z.B.: Emils Aussage stimmt für die 1. Figur, denn $2^2 - 1 = 3$. ✓ *Sie ist jedoch für die zweite Figur bereits falsch, denn $3^2 - 1 = 8$ und die Figur besteht nur aus fünf Würfeln.* ✓ *Emils Aussage ist nicht wahr.* ✓

6 / 6

Viel Erfolg!

Test 2

⏱ 20 min

Name: *Erwartungshorizont* Klasse: ____ Datum: ________

Thema: Umformen von Potenzen mit natürlichen Exponenten

Insgesamt erreichte Punkte: 15 / 15

Note: 1

1 a) Berechne den Wert des Terms $(-2^3)^2 - 2^{-1}$. K2/5

$(-2^3)^2 - 2^{-1} = (-8)^2 - 0{,}5 = 64 - 0{,}5 = 63{,}5$

b) Schreibe den Term $\frac{a^4}{b^2 \cdot b^2}$ als eine Potenz.

$\frac{a^4}{b^2 \cdot b^2} = \frac{a^4}{b^{2+2}} = \frac{a^4}{b^4} = \left(\frac{a}{b}\right)^4$

5 / 5

2 Entscheide und begründe, ob Ida Recht hat. K1/5

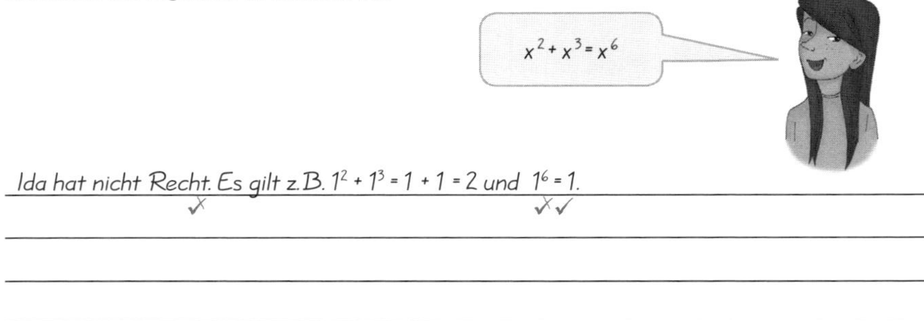

Ida hat nicht Recht. Es gilt z.B. $1^2 + 1^3 = 1 + 1 = 2$ und $1^6 = 1$.

2 / 2

3 Kreuze jeweils an, ob die Aussage wahr oder falsch ist. K1/2/5

Aussage	wahr	falsch
Es gilt $5^8 : 5^2 = 5^4$.		X
Es gilt $\frac{1}{121} = \left(\frac{1}{11}\right)^2$.	X	
Es gilt $9^3 \cdot 3^6 = 3^{12}$.	X	

2 / 2

Bitte wenden!

4 Elias verkauft das Obst und Gemüse seines Bio-Hofes jede Woche auf dem Markt. Bei der Gurkenernte werden x Gurken in einen Karton gelegt und x Kartons in eine Holzkiste verpackt. Ins Auto passen vier Stapel zu je drei Holzkisten. In einen Karton passen maximal 10 Gurken. K2/3

a) Stelle einen Term auf, mit dem die Anzahl der Gurken in Elias' Auto ermittelt werden kann. Vereinfache den Term so weit wie möglich.

$T(x) = x \cdot x \cdot 3 \cdot 4 = 12x^2$

b) Ermittle, wie viele Gurken in einem vollbeladenen Auto transportiert werden, wenn in jeden Karton acht Gurken verpackt wurden.

$T(8) = 12 \cdot 8^2 = 12 \cdot 64 = 768$

NR: $12 \cdot 64 = 10 \cdot 64 + 2 \cdot 64 = 640 + 128 = 768$

c) Elias behauptet am Ende eines Markttages, zu dem er mit der maximalen Anzahl an Gurken in seinem Auto gefahren ist, dass er mehr als 1000 Gurken verkauft hat.
Entscheide und begründe, ob er Recht hat.

Elias hat Recht, denn es gilt $T(10) = 12 \cdot 10^2 = 12 \cdot 100 = 1200$.

6 / 6

Viel Erfolg!

Test 3 — 20 min

NAME: *Erwartungshorizont* KLASSE: ____ DATUM: ________

THEMA: Weitere Grundkonstruktionen

INSGESAMT ERREICHTE PUNKTE: *15* / 15

Note: *1*

1 Auf der Kirchleuser Platte soll eine neue Windkraftanlage entstehen. Um alle nötigen Bauteile dorthin transportieren zu können, muss ein Schotterweg gebaut werden. Dieser soll eine möglichst kurze Verbindung zur Landstraße bilden. K3/4/6

a) Konstruiere diese Verbindungsstrecke. Beschrifte deine Konstruktion und beschreibe dein Vorgehen.

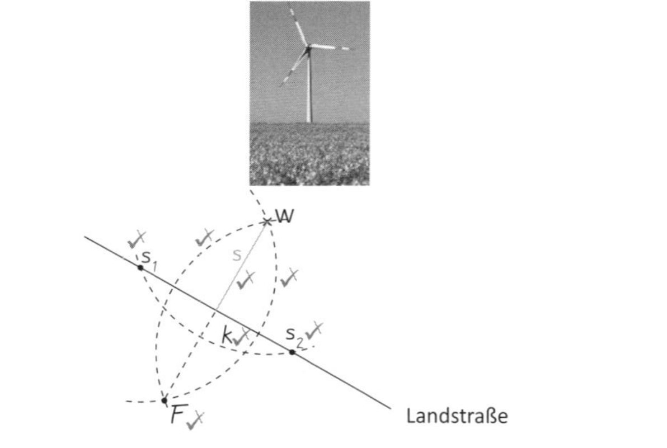

Beschreibung:

Zeichne um W einen Kreis k mit genügend großem Radius. So erhält man die Schnittpunkte S_1 und S_2 mit der Geraden (Landstraße).

Konstruiere das Lot zur Geraden durch den Punkt W als Mittelsenkrechte der Strecke $\overline{S_1S_2}$.

Zeichne die Strecke s ein.

b) Die Zeichnung aus Teilaufgabe a) besitzt den Maßstab 1 : 10 000. Gib an, wie lang der Schotterweg in Wirklichkeit ist.

In der Abbildung ist die Strecke s ca. 2 cm lang.

D. h. in Wirklichkeit ist der Schotterweg ca. 2 cm · 10 000 = 20 000 cm = 200 m lang.

9 / 9

BITTE WENDEN!

2 Entscheide und begründe, ob Asra Recht hat. K1/5

Ich kann einen 112,5°-Winkel konstruieren.

Asra hat Recht. Sie kann einen 90°-Winkel konstruieren (Lot errichten) und diesen um einen 22,5°-Winkel ergänzen. Denn einen 22,5°-Winkel erhält man, indem man einen 90°-Winkel durch die Konstruktion von Winkelhalbierenden viertelt.

2 / 2

3 a) Bestimme durch Konstruktion alle Punkte, die von den Halbgeraden g und h denselben Abstand besitzen. K2/4

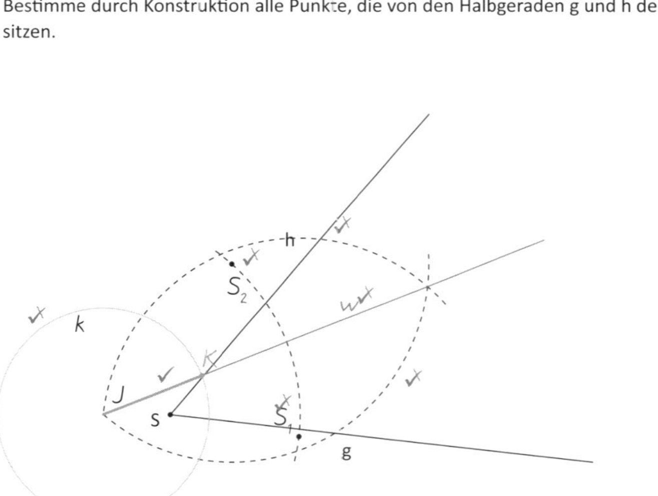

b) Markiere alle Punkte, die von den Halbgeraden g und h denselben Abstand besitzen und gleichzeitig vom Punkt S höchstens 2 cm entfernt sind. *Lösung: Strecke $\overline{SK}$*

4 / 4

VIEL ERFOLG!

Test 4

20 min

NAME: Erwartungshorizont KLASSE: ____ DATUM: ____

THEMA: Symmetrische Vierecke

INSGESAMT ERREICHTE PUNKTE: 15 / 15

Note: 1

1 a) Notiere den Namen des Vierecks und gib drei seiner Eigenschaften an. K1/5/6

Name: gleichschenkliges Trapez ✓

Eigenschaften: z. B.

1) eine Symmetrieachse ✓

2) zwei Paare gleich großer Winkel ✓

3) die Diagonalen sind gleich lang ✓

b) Formuliere zu Toms Aussage die Umkehrung und beurteile die Umkehrung auf ihre Richtigkeit.

Umkehrung: Jede Raute ist ein Quadrat. ✓

Diese Aussage ist falsch. ✓ Manche Rauten besitzen, z. B. lediglich zwei Symmetrieachsen, ein Quadrat hingegen immer vier. ✓✓

5 / 5

2 Entscheide und begründe, ob sich mit dem Steckbrief ein Viereck eindeutig identifizieren lässt. K1/6

Der Steckbrief ist eindeutig. ✓

Er trifft nur auf eine Raute zu, ✓ denn ein Quadrat hat 4 Symmetrieachsen und beim Rechteck stehen die Diagonalen nicht senkrecht aufeinander. ✓

2 / 2

Bitte wenden!

3 a) Trage die Punkte A (−4 | −1), C (2 | 5), D (−3 | 2) in das Koordinatensystem ein. K4/5/6

b) Konstruiere den Punkt B so, dass ABCD ein Parallelogramm ist, und zeichne das Parallelogramm ins Koordinatensystem ein.

c) Zeichne das Symmetriezentrum S des Parallelogramms ins Koordinatensystem ein. Gib die Koordinaten von S an und beschreibe dein Vorgehen.

S (−1 | 2) ✓

Man zeichnet die beiden Diagonalen ein. ✓ Deren Schnittpunkt ✓ ist das Symmetriezentrum des Parallelogramms.

d) Kreuze diejenige Formel an, mit der man den Flächeninhalt A_{ABCD} des Parallelogramms berechnen kann.

☐ $A_{ABCD} = |\overline{AD}| \cdot |\overline{AB}|$ ☐ $A_{ABCD} = \frac{1}{2}|\overline{AC}| \cdot |\overline{BD}|$ ☒ $A_{ABCD} = |\overline{AB}| \cdot h_{\overline{AB}}$ ✓

8 / 8

Viel Erfolg!

Test 5

20 min

NAME: *Erwartungshorizont* KLASSE: ____ DATUM: ______

THEMA: Winkel an Doppelkreuzungen

INSGESAMT ERREICHTE PUNKTE: 15 / 15

Note: 1

K1/4/5

1 Die Geraden g und h sind zueinander parallel. Berechne die Größen aller eingezeichneten Winkel und begründe deine Rechenschritte. Benenne noch nicht bezeichnete Winkel, die du verwendest, in der Abbildung.

$\alpha = 180° - (51° + 72°) = 180° - 123° = 57°$ ✓

Die Winkel sind Nebenwinkel. Sie ergänzen sich zu 180°. ✓

$\gamma = 51° + \alpha = 51° + 57° = 108°$ ✓

γ ist ein Stufenwinkel zum Winkel $\delta = 51° + \alpha$. ✓

Stufenwinkel sind gleich groß. ✓

$\beta = 72° + \alpha = 72° + 57° = 129°$ ✓

β ist ein Stufenwinkel zum Winkel $\varepsilon = 72° + \alpha$. ✓

Stufenwinkel sind gleich groß.

6 / 6

K1/3/4

2 Begründe, dass die beiden Landebahnen g und h auf dem Frankfurter Flughafen annähernd parallel verlaufen.

$\gamma = 180° - \alpha = 180° - 149° = 31°$ ✓

α und γ sind Nebenwinkel. ✓

β und γ sind gleich große Wechselwinkel. ✓

Deshalb sind die Geraden g und h parallel. ✓

3 / 3

BITTE WENDEN!

© C.C.Buchner Verlag, Bamberg

K2/4

3 Gegeben ist ein gleichschenkliges Trapez ABCD. Für die Größe des Winkels bei A gilt $\alpha = 56{,}5°$. Berechne mithilfe einer aussagekräftigen Skizze die Größen der fehlenden Innenwinkel β, γ und δ. Begründe dein Vorgehen.

Skizze:

Im gleichschenkligen Trapez gilt a || c und die Strecken b und d sind gleich lang. ✓✓

Da das Trapez gleichschenklig ist, gilt weiterhin $\alpha = \beta$ und $\gamma = \delta$. (I) ✓

Somit ist $\beta = 56{,}5°$. ✓

$\varepsilon = 180° - \alpha = 180° - 56{,}5° = 123{,}5°$, da α und ε Nebenwinkel sind. ✓

Da die Strecken a und c parallel sind, sind ε und δ Wechselwinkel. ✓

Es gilt somit $\delta = \varepsilon = 123{,}5°$, da Wechselwinkel gleich groß sind. ✓

Wegen (I) gilt $\gamma = \delta = 123{,}5°$. ✓

6 / 6

VIEL ERFOLG!

Test 6 — 20 min

Name: *Erwartungshorizont* Klasse: ____ Datum: ____

Thema: Winkelsumme im Dreieck
Winkelsumme im Vieleck

Insgesamt erreichte Punkte: *15* / 15
Note: *1*

1 Berechne jeweils nachvollziehbar die Größen der fehlenden Innenwinkel. K4/5

a) Es gilt $\alpha = \beta$.

Die Winkelsumme im Dreieck beträgt 180°.

Es gilt: $\alpha = \beta = (180° - 78°) : 2 = 51°$

$\gamma = 78°$

b) *$\beta_1 = 180° - (110° + 50°) = 180° - 160° = 20°$*

(Nebenwinkel)

$\varepsilon = 180° - (35° + 50°) = 180° - 85° = 95°$

(Winkelsumme im Dreieck DBC)

$\delta = 360° - (125° + 70° + 95°) = 360° - 290° = 70°$

(Winkelsumme im Viereck ABCD)

6 / 6

2 K1/6

Es gibt Vierecke, die vier spitze Innenwinkel besitzen.

Entscheide und begründe, ob Lea Recht hat.

Lea hat nicht Recht. Ein Viereck besitzt eine Innenwinkelsumme von 360°.
Sind alle Innenwinkel spitze Winkel, also kleiner als 90°, so gilt $\alpha + \beta + \gamma + \delta < 360°$.

2 / 2

Bitte wenden!

3 Berechne die Innenwinkelsumme eines Achtecks. K5

$(8 - 2) \cdot 180° = 6 \cdot 180° = 1080°$

Die Innenwinkelsumme im Achteck beträgt 1080°.

2 / 2

4 Aus dem 12. Jahrhundert existiert eine Karte der Stadt Jerusalem (vgl. Abbildung). Das Pergament, auf dem die Karte gemalt ist, besitzt in Wirklichkeit eine Breite von 23,5 cm. K1/4/6

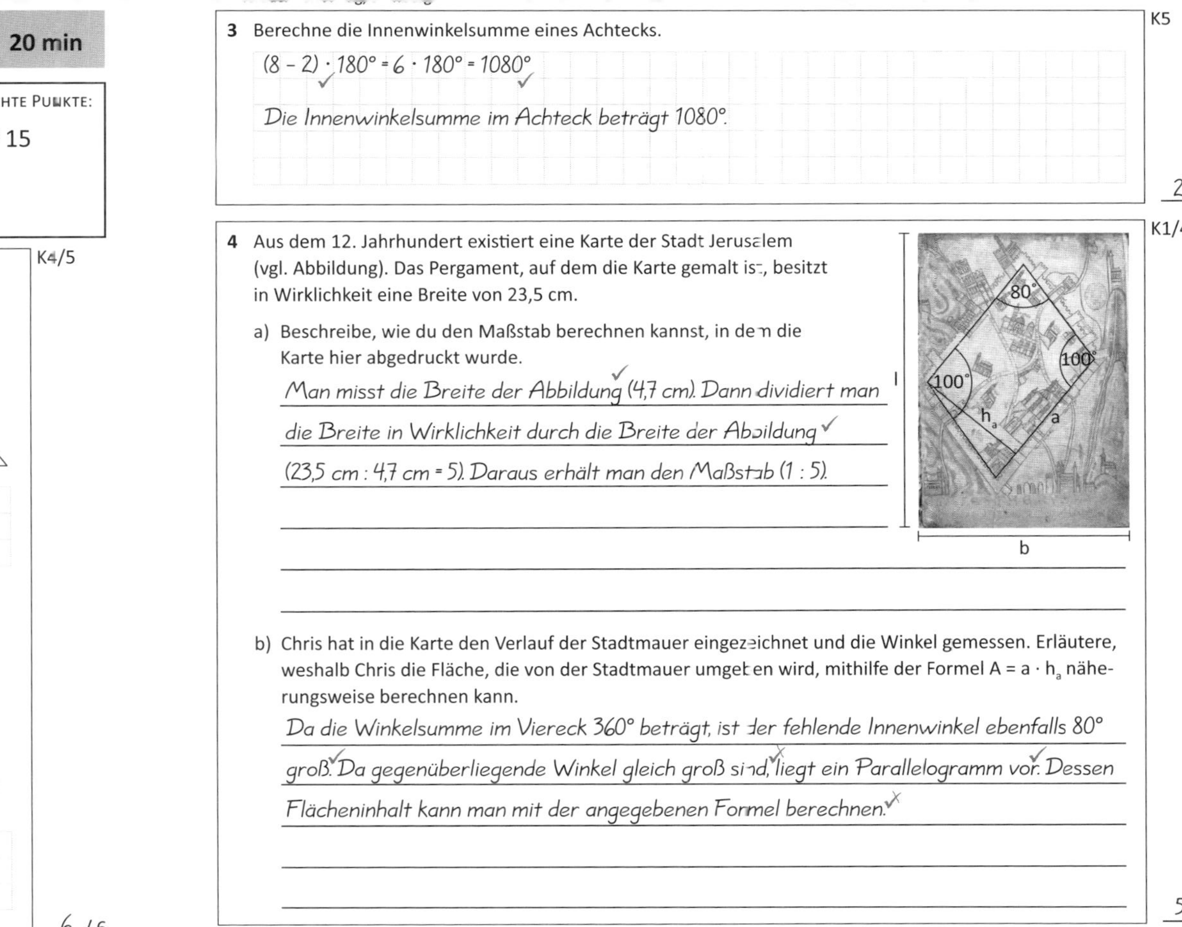

a) Beschreibe, wie du den Maßstab berechnen kannst, in dem die Karte hier abgedruckt wurde.

Man misst die Breite der Abbildung (4,7 cm). Dann dividiert man die Breite in Wirklichkeit durch die Breite der Abbildung (23,5 cm : 4,7 cm = 5). Daraus erhält man den Maßstab (1 : 5).

b) Chris hat in die Karte den Verlauf der Stadtmauer eingezeichnet und die Winkel gemessen. Erläutere, weshalb Chris die Fläche, die von der Stadtmauer umgeben wird, mithilfe der Formel $A = a \cdot h_a$ näherungsweise berechnen kann.

Da die Winkelsumme im Viereck 360° beträgt, ist der fehlende Innenwinkel ebenfalls 80° groß. Da gegenüberliegende Winkel gleich groß sind, liegt ein Parallelogramm vor. Dessen Flächeninhalt kann man mit der angegebenen Formel berechnen.

5 / 5

Viel Erfolg!

Test 7

20 min

NAME: *Erwartungshorizont* KLASSE: ______ DATUM: ________

THEMA: Regeln zum Auflösen von Plus- und Minusklammern

INSGESAMT ERREICHTE PUNKTE: *15* / 15

Note: *1*

1 a) Markiere die Fehler, die Milo gemacht hat, und berichtige seine Rechnung. K2/5

$7a - (5 - 3a) + 8$

$= 7a - 5 - 3a + 8$ (Fehler markiert: $-$) *$= 7a - 5 + 3a + 8$*

$= 4a - 3$ (Fehler markiert: $-$) *$= 10a + 3$*

b) Vereinfache den Term $3a^2 \cdot a^{-1} - [(12a - 8) - (5a + 7)]$ möglichst weitgehend.

$3a^2 \cdot a^{-1} - [(12a - 8) - (5a + 7)]$

$= 3a - [12a - 8 - 5a - 7]$

$= 3a - [7a - 15]$

$= 3a - 7a + 15$

$= -4a + 15$

c) Bestimme das Termglied, das für den Platzhalter stehen muss, damit eine wahre Aussage entsteht.
$\square - (17a - 3) + 6a = -11a + 1$

$\square - (17a - 3) + 6a = -11a + 1$

$\square - 17a + 3 + 6a = -11a + 1$

$\square - 11a + 3 = -11a + 1$

Es muss also gelten $\square + 3 = 1$, d.h. man muss -2 einsetzen.

7 / 7

BITTE WENDEN!

2 Um den Überblick über ihr Taschengeld zu behalten, hat Leonie begonnen, die Einnahmen und Ausgaben in einem Tabellenkalkulationsprogramm zu notieren. K1/3/6

	A	B	C
1		Einnahmen	Ausgaben
2	Bestand	32,50 €	
3	Buchladen		9,90 €
4	Eisessen		2,50 €
5	Geschenk von Oma	15 €	
6	App-Store		6,80 €
7			

a) Entscheide und begründe, ob Leonie seit Beginn ihrer Liste Taschengeld angespart hat.

Leonie hat kein Geld gespart. Sie hat 15 € von ihrer Oma bekommen, aber im Buchladen und App-Store zusammen bereits mehr als 15 € ausgegeben.

b) Beschreibe, was Leonie mit dem folgenden Term berechnen kann.
47,50 € - (9,90 € + 2,50 € + 6,80 €)

Leonie berechnet mit dem Term, wie viel Taschengeld sie besitzt.

c) Erkläre, weshalb es in Teilaufgabe b) nicht vorteilhaft wäre, zuerst die Minusklammer aufzulösen.

Löst man zuerst die Minusklammer auf, muss man anschließend drei Differenzen berechnen. Berechnet man erst den Wert der Klammer, berechnet man den Wert einer Summe und anschließend den einer Differenz.

5 / 5

3 Schreibe als Term und vereinfache. K5/6
Subtrahiere die Summe aus $16a^2$ und $19a$ vom Dreifachen des ersten Summanden.

$3 \cdot 16a^2 - (16a^2 + 19a)$

$= 48a^2 - 16a^2 - 19a$

$= 32a^2 - 19a$

3 / 3

VIEL ERFOLG!

Test 8

15 min

NAME: *Erwartungshorizont* KLASSE: ______ DATUM: ____________

THEMA: Multiplizieren von Summen
Die binomischen Formeln

INSGESAMT ERREICHTE PUNKTE: *15* / 15

Note: *1*

K2/5

1 a) Verwandle jeweils in eine Summe und gib die verwendete binomische Formel an.

① $(3x-7)^2$

$(3x-7)^2 = (3x)^2 - 2 \cdot 3x \cdot 7 + 7^2 = 9x^2 - 42x + 49$

2. binomische Formel

② $(x-0{,}5) \cdot (x+0{,}5)$

$(x-0{,}5)(x+0{,}5) = x^2 - 0{,}25$

3. binomische Formel

b) Gib jeweils die fehlenden Termglieder an, so dass eine wahre Aussage entsteht.

① $\boxed{4b^2} - \boxed{20ab} + 25a^2 = (2b - \boxed{5a})^2$

② $(\boxed{2{,}5x} + 4)^2 = \boxed{6{,}25x^2} + 20x + \boxed{16}$

Nebenrechnungen:

(1) $(2b)^2 = 4b^2$; $(5a)^2 = 25a^2$; $2 \cdot 2b \cdot 5a = 20ab$

(2) $4^2 = 16$; $20x : (2 \cdot 4) = 20x : 8 = 2{,}5x$; $(2{,}5x)^2 = 6{,}25x^2$

8 / 8

BITTE WENDEN!

K1/3/5

2 Familie Lehner kauft das dreieckige Nachbargrundstück, um ihr eigenes rechteckiges Grundstück zu vergrößern. Die Abbildung ist nicht maßstäblich. Die Terme geben die Maßzahlen in Meter an.

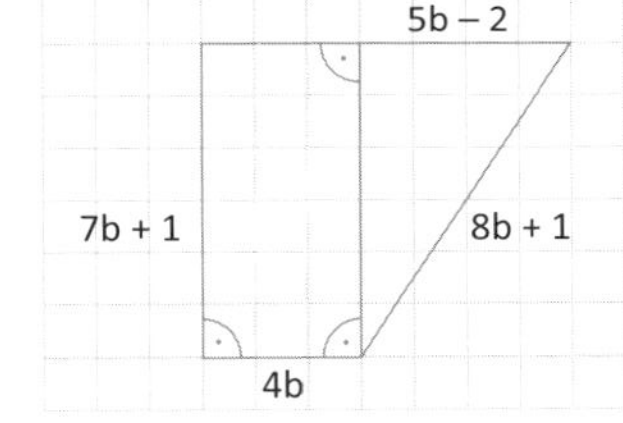

a) Gib einen Term T(b) an, mit dem man den Flächeninhalt des vergrößerten Grundstücks berechnen kann. Vereinfache den Term so weit wie möglich.

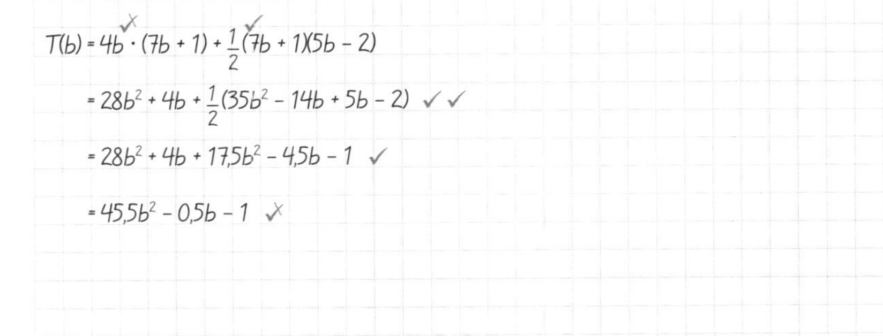

$T(b) = 4b \cdot (7b+1) + \frac{1}{2}(7b+1)(5b-2)$

$= 28b^2 + 4b + \frac{1}{2}(35b^2 - 14b + 5b - 2)$

$= 28b^2 + 4b + 17{,}5b^2 - 4{,}5b - 1$

$= 45{,}5b^2 - 0{,}5b - 1$

b) Die Familie will das vergrößerte Grundstück mit einem neuen, einheitlichen Gartenzaun versehen. Die 4 m breite Einfahrt erhält ein Gartentor.
Entscheide und begründe, mit welchem Term man die Länge des Gartenzauns berechnen kann.

① $2 \cdot [(7b+1) + 4b] + (5b-2) + (8b+1) - 4$

② $2 \cdot 4b + (7b+1) + (5b-2) + (8b+1) - 4$

③ $(7b+1) + 2 \cdot 4b + (5b-2) + (8b+1)$

Die Berechnung ist mit Term 2 möglich. Term 1 ist falsch, da man die Strecke der Länge 7b + 1 nur einmal berücksichtigen darf, sonst wären die Grundstücke getrennt. Term 3 ist falsch, da das Gartentor nicht berücksichtigt ist.

7 / 7

VIEL ERFOLG!

TEST 9

20 min

NAME: Erwartungshorizont KLASSE: ____ DATUM: ________

THEMA: Äquivalenzumformungen

INSGESAMT ERREICHTE PUNKTE: 15 / 15

Note: 1

1 Die Waagen sind alle im Gleichgewicht. Gib für jede Waage eine passende Gleichung an und beschreibe die durchgeführten Äquivalenzumformungen von (1) nach (3). K4/5/6

x: grüner Würfel; y: blaue Kugel ✓

(1) $6x + 2y = 2x + 4y$ ✓

Äquivalenzumformung: Subtrahiere jeweils 2 Würfel und 2 Kugeln. ✓

(2) $4x = 2y$ ✓

Äquivalenzumformung: Dividiere jeweils durch 2. ✓

(3) $2x = y$ ✓

3 / 3

2 Markiere die beiden Fehler, die Ben gemacht hat, und korrigiere seine Lösung. K4/5

Bens Lösung	Korrektur
$3 \cdot (x + 4) = 0,5x - 10$	
$3x + 8 = 0,5x - 10$ ✓ (+ 8 markiert)	$3x + 12 = 0,5x - 10 \quad \vert -12 - 0,5x$ ✓
$2,5x = -2$ ✓ (−2 markiert)	$2,5x = -22$ ✓ $\quad \vert :2,5$
$x = -0,8$	$x = -8,8$ ✓
$L = \{-0,8\}$	$L = \{-8,8\}$ ✓

4 / 4

Bitte wenden!

3 K1/6

Entscheide und begründe, ob Paul Recht hat.

Paul hat Recht. ✓ 7 ist kein Teiler der Zahl 45. Die Lösung der Gleichung ist somit kein Element der natürlichen Zahlen. Deshalb ist die Lösungsmenge über der angegebenen Grundmenge leer. ✓✓

2 / 2

4 Kreuze alle Gleichungen an, die über der Grundmenge G = ℚ die Lösungsmenge L = {1,5} besitzen. K5

- [ ] $\frac{2}{3}x = 0,5$
- [ ] $2x - 1 = -2$
- [ ] $7 - 4x = -1$
- [x] $-\frac{2}{3}x = -1$ ✓
- [ ] $14 = 8x$
- [x] $2x + 1,5 = 4,5$ ✓
- [ ] $18 : x = 14$
- [x] $-5x + 7,5 = 0$ ✓

2 / 2

5 Bestimme die Lösungsmenge der Gleichung über der Grundmenge G = ℚ. K5

$\frac{3x-5}{4} = -2x + 7$

$\frac{3x-5}{4} = -2x + 7 \quad \vert \cdot 4$

$3x - 5 = 4 \cdot (7 - 2x)$ ✓

$3x - 5 = 28 - 8x$ ✓ $\quad \vert +8x + 5$

$11x = 33$ ✓ $\quad \vert :11$

$x = 3$ ✓

$L = \{3\}$ ✓

4 / 4

Viel Erfolg!

Test 10

⏱ 20 min

Name: *Erwartungshorizont* Klasse: ____ Datum: ______

Thema: Vertiefung der Prozentrechnung

Insgesamt erreichte Punkte: *15* / 15

Note:

1 Matteos Vater hat jeweils 10 000 € in zwei Geldanlagen investiert. Gib jeweils den Wachstums- bzw. Abnahmefaktor an und berechne die aktuellen Werte der Geldanlagen. K3/5

a) Die Geldanlage „grüner Strom“ hat im letzten Jahr ihren Wert um 14 % steigern können.

Wachstumsfaktor: 1,14 ✓ (1 + 0,14 = 1,14)

10 000 € · 1,14 = 11400 € ✓

Der Wert der Geldanlage beträgt jetzt 11 400 €.

b) Die Geldanlage „Immobilien-Invest“ hat im letzten Jahr ein Zwanzigstel ihres Werts verloren.

Abnahmefaktor: 0,95 ✓ $\left(1 - \frac{1}{20} = 1 - 0{,}05 = 0{,}95\right)$

10 000 € · 0,95 = 9 500 € ✓

Der Wert der Geldanlage beträgt jetzt 9 500 €.

3 / 3

2 Ein Monitor ist in einem Elektromarkt mit einem Bruttopreis von 119 € ausgezeichnet. Dieser beinhaltet 19 % Mehrwertsteuer. In einer Werbeaktion verspricht der Markt, auf die Mehrwertsteuer zu verzichten.
Erkläre, warum Verbraucherzentralen darauf hinweisen, dass die Erstattung der Mehrwertsteuer nicht einem Preisnachlass von 19 % auf den Bruttopreis entspricht. K2/6

Der Monitor kostet ohne Mehrwertsteuer 100 € ✓

(119 € : 1,19 ✓ = 100 €).

Würde man auf den Preis von 119 € einen Rabatt von 19 % erhalten, müsste man lediglich

119 € · 0,81 ✓ = 96,39 € bezahlen. ✓✓

4 / 4

Bitte wenden!

3 Der Anteil von Bio-Lebensmitteln am Lebensmittelumsatz steigt in Deutschland kontinuierlich. K3/4/5

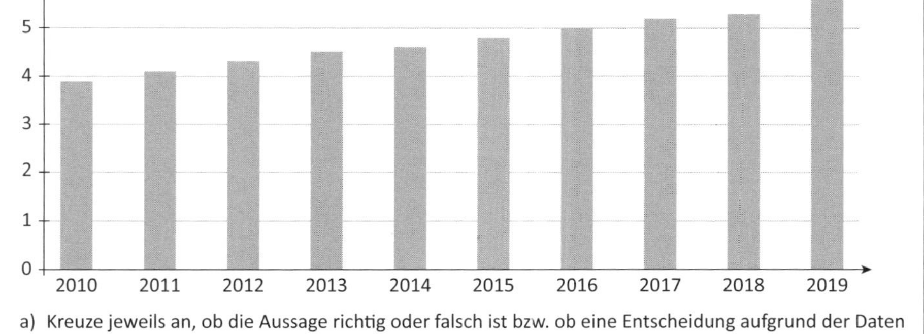

a) Kreuze jeweils an, ob die Aussage richtig oder falsch ist bzw. ob eine Entscheidung aufgrund der Daten nicht möglich ist.

Aussage	richtig	falsch	keine Entscheidung möglich
Im Jahr 2016 betrug der Anteil der Bio-Lebensmittel am Lebensmittelumsatz 5 %.	☒ ✓	☐	☐
Seit dem Jahr 2010 hat sich der Anteil der Bio-Lebensmittel am Lebensmittelumsatz verdoppelt.	☐	☒ ✓	☐
Mit Bio-Lebensmitteln wurde 2011 ein Umsatz von 4,2 Milliarden Euro erwirtschaftet.	☐	☐	☒ ✓
Der Anteil an Bio-Lebensmitteln zeigt von 2018 nach 2019 den größten Anstieg.	☒ ✓	☐	☐

b) Frau Müller ist Filialleiterin eines großen Bio-Marktes. Sie hat im letzten Jahr einen Umsatz von 800 000 € erzielt. Dies ist eine Umsatzsteigerung von 40 000 €. Berechne die Umsatzsteigerung in Prozent.

$\frac{40\,000\text{ €}}{800\,000\text{ €}}$ ✓ $= \frac{4}{80} = \frac{1}{20} = \frac{5}{100} = 5\,\%$ ✓✓

Die Umsatzsteigerung beträgt 5 %.

c) Mit der Stammkundenkarte erhält man im Bio-Markt von Frau Müller 2 % Rabatt. Aufgrund einer schlechten Ernte verteuert sich der Bio-Früchtetee um 15 %. Berechne, wie viel Mila als Stammkundin für zwei Packungen bezahlt.

bisheriger Preis: 2,50 €

(2 · 2,50 €) · 1,15 ✓ · 0,98 ✓

= 5,00 € ✓ · 1,15 · 0,98 = 5,75 € ✓ · 0,98 ≈ 5,64 € ✓✓

Mila muss 5,64 € für zwei Packungen Tee bezahlen.

8 / 8

Viel Erfolg!

TEST 11 — 15 min

NAME: *Erwartungshorizont* KLASSE: ______ DATUM: __________

THEMA: Boxplots

INSGESAMT ERREICHTE PUNKTE: *15* / 15

Note: *1*

1 a) Vervollständige die Tabelle und zeichne einen zugehörigen Boxplot. K4/5

Minimum	Maximum	Spannweite	Median	unteres Quartil	oberes Quartil
2	12	10	8	4	9

Minimum: 12 – 10 = 2

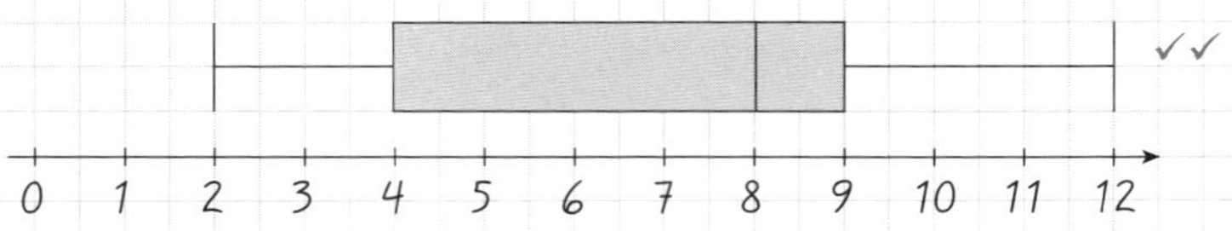

[Boxplot: 0 1 2 3 4 5 6 7 8 9 10 11 12]

b) Bestimme aus den gegebenen Daten die notwendigen Kennwerte, um einen Boxplot zeichnen zu können. Eine Zeichnung ist nicht erforderlich.

5; 12; 3; 6; 11; 4; 5; 7; 15; 8; 10; 9

Rangreihe: 3; 4; 5; 5; 6; 7; 8; 9; 10; 11; 12; 15

Minimum: 3 *Maximum: 15*

Median: 7,5

Q_1 = 5 *Q_2 = 10,5*

7 / 7

BITTE WENDEN!

2 Lottas Opa spielt jede Woche Lotto. Dabei führt er eine Statistik, welche Superzahl von 0 bis 9 jeweils gezogen wird. 2020 gab es 105 Lottoziehungen. Die Ergebnisse sind in der Abbildung dargestellt. K1/4/6

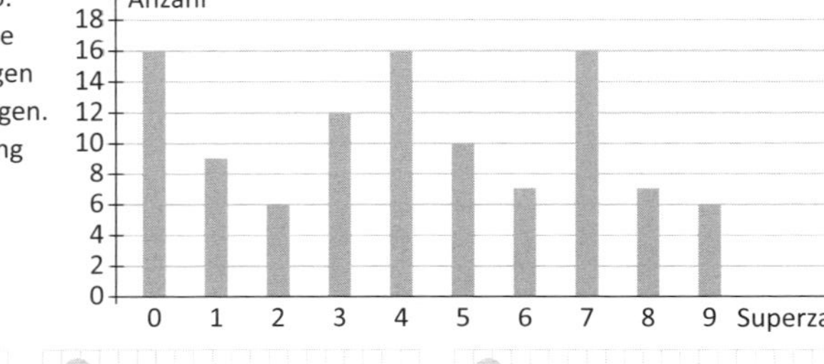

a) Entscheide und begründe, welcher der Boxplots zum Diagramm gehört.

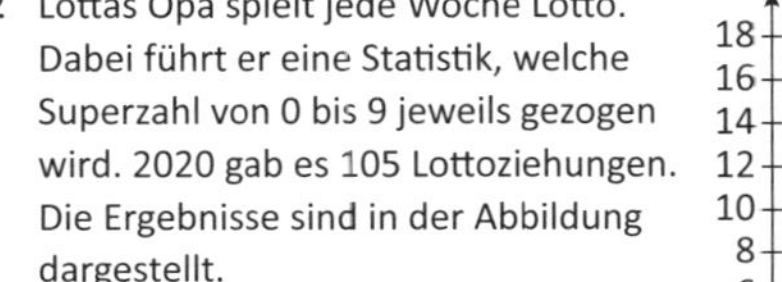

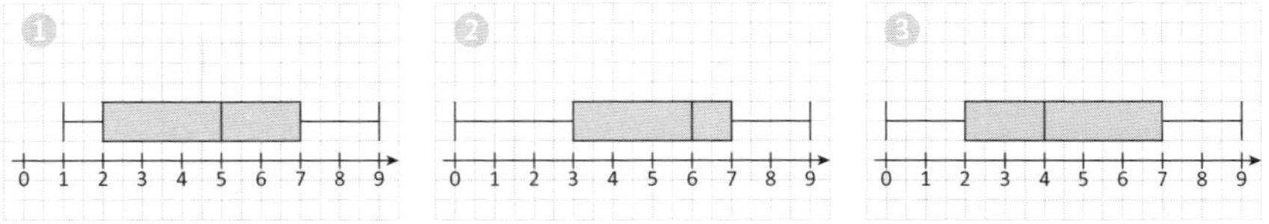

Boxplot 3 gehört zum Diagramm, denn

– Boxplot 1 hat ein falsches Minimum. Dieses muss bei null liegen.

– Bei Boxplot 2 ist der Median falsch eingezeichnet. Betrachtet man die Anzahlen der gezogenen Superzahlen, so liegt Q_2 bei 4.

b) Entscheide und begründe jeweils, ob die Aussage richtig ist.

① Ungefähr ein Viertel der gezogenen Superzahlen war kleiner als 3 oder gleich 3.

Die Aussage ist falsch, denn im Boxplot 3 gilt Q_1 = 2.

(Alternative Begründung anhand des Diagramms: 43 von 105 gezogenen Superzahlen sind kleiner oder gleich 3.)

② Die mittleren 50 % liegen in Boxplot 2 dichter um den Median als in Boxplot 3.

Die Aussage ist richtig, denn die Box in Boxplot 2 ist weniger breit als in Boxplot 1.

8 / 8

VIEL ERFOLG!

Test 12

⏱ 20 min

Name: *Erwartungshorizont* Klasse: ____ Datum: ____	Insgesamt erreichte Punkte: *15* / 15
Thema: Kongruenzsätze für Dreiecke	Note: *1*

1 Entscheide und begründe jeweils, ob ein Dreieck mit den gegebenen Bestimmungsstücken konstruierbar ist. K1/6

a) c = 5 cm, α = 70° und β = 50°

Das Dreieck ABC ist nach dem wsw-Satz eindeutig konstruierbar. ✓

b) a = 4,1 cm, b = 8,6 cm und c = 3,9 cm

Das Dreieck ABC ist nicht eindeutig konstruierbar, da die Dreiecksungleichung nicht erfüllt ist: $a + c = 4{,}1\ cm + 3{,}9\ cm = 8\ cm < 8{,}6\ cm = b$. ✓

3 / 3

2 Gegeben sind die Bestimmungsstücke a = 6 cm, c = 5 cm und α = 60° eines Dreiecks ABC. K4/5/6

a) Trage die gegebenen Stücke farbig in die Planfigur ein und vervollständige den Satz.

Das Dreieck ist nach dem *SsW* ✓ -Satz eindeutig konstruierbar.

b) Konstruiere das Dreieck ABC und beschreibe deine Vorgehensweise.

1) Die Punkte A und B sind durch die Strecke c festgelegt. ✓

2) C liegt auf ✓

a) dem freien Schenkel des Winkels α ✓

b) dem Kreis um B mit Radius r = a. ✓

8 / 8

Bitte wenden!

3 Kayan sieht von einem Aussichtspunkt C aus die beiden Anlegestellen A und B einer Fähre unter einem Winkel von 55°. K3/4/6

Beschreibe, wie Kayan die Länge der Strecke s, die die Fähre auf dem See zurücklegt, durch eine Zeichnung näherungsweise bestimmen kann. Gib einen geeigneten Maßstab an, in dem Kayan seine Zeichnung anfertigen sollte.

Ein sinnvoller Maßstab für die Zeichnung wäre z. B. 1 : 100 000. ✓

Das Dreieck ABC ist nach dem sws-Satz eindeutig konstruierbar: ✓

1) Kayan trägt die Strecke $\overline{BC}$ der Länge 3 cm ab. ✓

2) Im Punkt C trägt Kayan die Winkelgröße 55° an. ✓

3) Kayan zeichnet einen Kreis um C mit dem Radius r = 2,3 cm. ✓

4) Der Punkt A ist der Schnittpunkt des Kreises und des freien Schenkels des Winkels. ✓

5) Dann misst Kayan die Länge der Strecke $\overline{AB}$. ✓

4 / 4

Viel Erfolg!

Test 13

20 min

NAME: *Erwartungshorizont* KLASSE: ____ DATUM: ________

THEMA: Mittelsenkrechte und Umkreis des Dreiecks

INSGESAMT ERREICHTE PUNKTE: *15* / 15

Note: *1*

1 Von einem Dreieck ABC sind die Bestimmungsstücke b = 4,5 cm und γ = 75° sowie der Radius r = 4 cm des Umkreises gegeben. K4/5/6

a) Konstruiere das Dreieck ABC und beschreibe die Konstruktionsschritte.

1) A liegt (beliebig) auf dem Kreis k mit Mittelpunkt M und Radius r. ✓

2) C liegt auf

a) dem Kreis k. ✓

b) dem Kreis mit Mittelpunkt A und Radius b. ✓

3) B liegt auf

a) dem Kreis k. ✓

b) dem freien Schenkel des Winkels γ. ✓

b) Gib die Art des Dreiecks an.

Das Dreieck ABC ist spitzwinklig. ✓

7 / 7

2 K1/6

Der Umkreismittelpunkt liegt immer innerhalb des Dreiecks.

Entscheide und begründe, ob Alexander Recht hat

Alexander hat nicht Recht. Zum Beispiel liegt der Umkreismittelpunkt beim rechtwinkligen Dreieck auf der Hypotenuse. ✓✓

2 / 2

BITTE WENDEN!

3 In Irland wurden Fragmente eines keltischen Steinkreises gefunden. K3/4/5

a) Konstruiere den Mittelpunkt des Steinkreises mithilfe der drei Steine S_1, S_2 und S_3 und zeichne die Kreislinie ein, auf der die Steine standen.

b) Gib den Durchmesser des Steinkreises in Metern an, wenn die Zeichnung im Maßstab 1 : 100 angefertigt wurde.

Es gilt d = 12 cm. Der Steinkreis besitzt somit einen Durchmesser von 12 m. ✓

6 / 6

VIEL ERFOLG!

Schulaufgabe 1

40 min

NAME: *Erwartungshorizont*	KLASSE:	DATUM:	INSGESAMT ERREICHTE PUNKTE: *30* / 30
THEMA: Term und Zahl Achsen- und punktsymmetrische Figuren			Note: *1*

1 K2/4/5

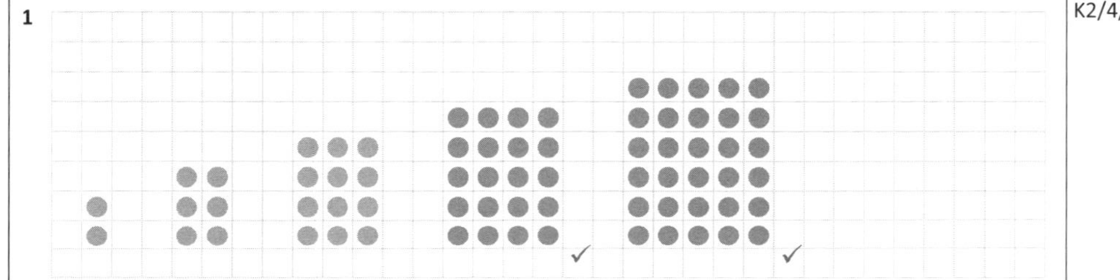

a) Setze die Reihe um zwei Schritte fort.
b) Stelle einen Term auf, der die Anzahl der Punkte beim n-ten Muster angibt, und berechne damit die Punktzahl im 13. Schritt.

$T(n) = n \cdot (n + 1) = n^2 + n$ ✓✓

$T(13) = 13^2 + 13 = 169 + 13 = 182$ ✓✓

5 / 5

2 Vereinfache den Term jeweils so weit wie möglich. K5

a) $T(x) = 1{,}5x^2 - 2x + \frac{5}{2}x^2 - 1{,}4x - 3\frac{1}{4}x^2$

$= 1{,}5x^2 + 2{,}5x^2 - 3{,}25x^2 - 2x - 1{,}4x$

$= 0{,}75x^2 - 3{,}4x$ ✓✓ ✓

b) $T(a) = \left(\frac{a}{3}\right)^2 + \frac{5}{9}(-a)^2 - \left(\frac{1}{a^2}\right)^{-1}$

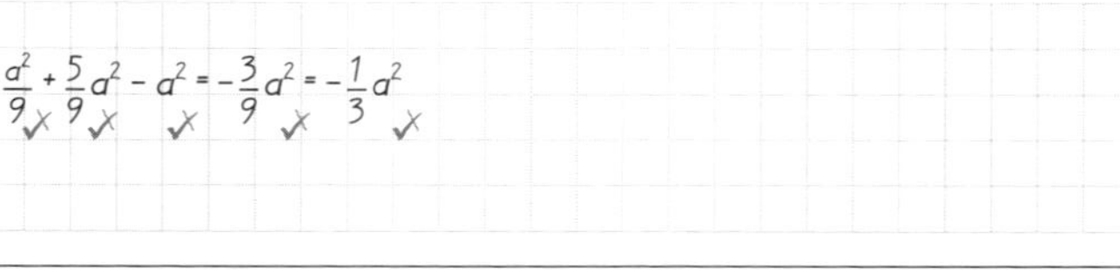

$= \frac{a^2}{9} + \frac{5}{9}a^2 - a^2 = -\frac{3}{9}a^2 = -\frac{1}{3}a^2$ ✓✓✓✓✓

5 / 5

3 Entscheide und begründe, ob Favio Recht hat. K1/6

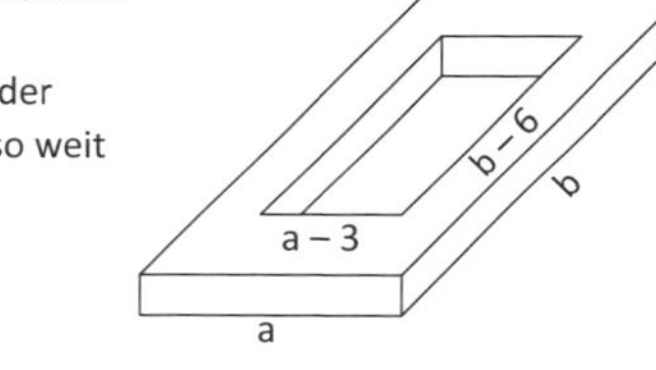

Favio hat Recht, ✓ *denn es gilt:*

$T_1(x) = 0{,}5x + 3$ ✓ *und*

$T_2(x) = 0{,}5x + 3.$ ✓

2 / 2

4 Besa möchte mithilfe eines 3-D-Druckers ihre Hausnummer drucken. Die nicht maßstäbliche Abbildung zeigt die Einerstelle null. Besa hat einen Term zur Berechnung des Oberflächeninhalts der Ziffer aufgestellt. Berichtige Besas Term und vereinfache ihn so weit wie möglich. K1/3/5

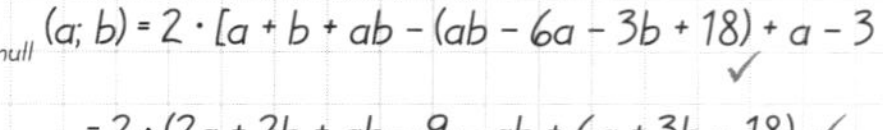

$O_{null}(a; b) = 2 \cdot [a + b + a \cdot b + (a - 3)(b - 6) + (a - 3) + (b - 6)]$

Der Term lautet $O_{null}(a; b) = 2 \cdot [a \cdot 1 + b \cdot 1 + a \cdot b - (a - 3)(b - 6) + (a - 3) \cdot 1 + (b - 6) \cdot 1]$. ✓

$O_{null}(a; b) = 2 \cdot [a + b + ab - (ab - 6a - 3b + 18) + a - 3 + b - 6]$ ✓

$= 2 \cdot (2a + 2b + ab - 9 - ab + 6a + 3b - 18)$ ✓

$= 2 \cdot (8a + 5b - 27)$ ✓

$= 16a + 10b - 54$ ✓

5 / 5

5 Kreuze diejenigen Verkehrsschilder an, die achsensymmetrisch sind, und zeichne bei den achsensymmetrischen Verkehrsschildern die Symmetrieachse(n) ein. K3/4

Rechts vorbei	Verbot für Kraftwagen	Ende der Vorfahrtsstraße	Kreisverkehr
☒	☒	☒	☐ ✓

3 / 3

K4

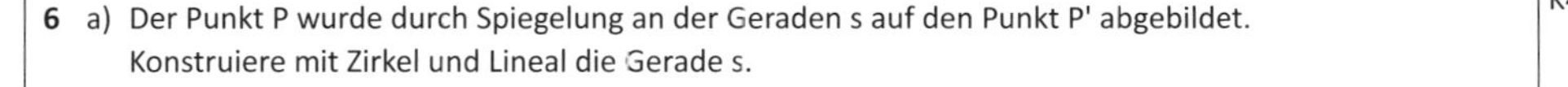

6 a) Der Punkt P wurde durch Spiegelung an der Geraden s auf den Punkt P' abgebildet. Konstruiere mit Zirkel und Lineal die Gerade s.

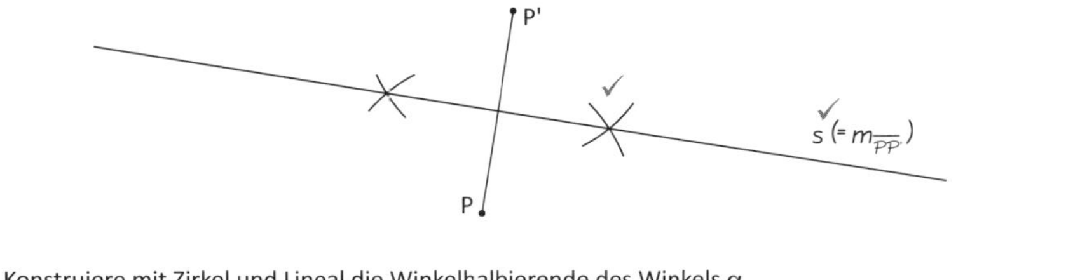

b) Konstruiere mit Zirkel und Lineal die Winkelhalbierende des Winkels α.

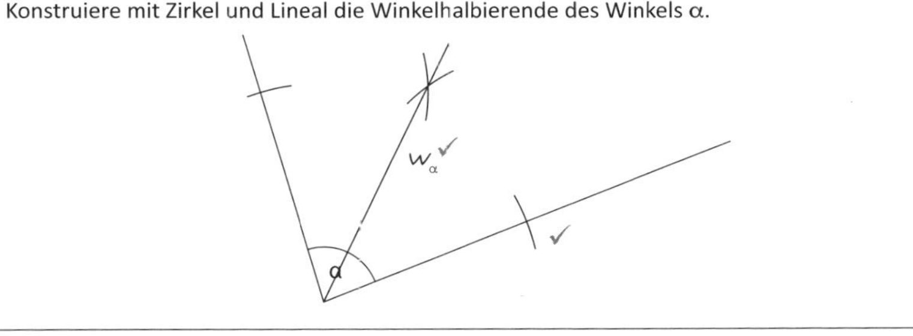

4 / 4

K2/4/5

7 Von einem Parallelogramm sind die Punkte A (−3 | −0,5), B (1 | −3,5) und D (1 | 1,5) gegeben.

a) Trage die Punkte in das Koordinatensystem ein. Konstruiere den Eckpunkt C des Parallelogramms mithilfe des Symmetriezentrums.

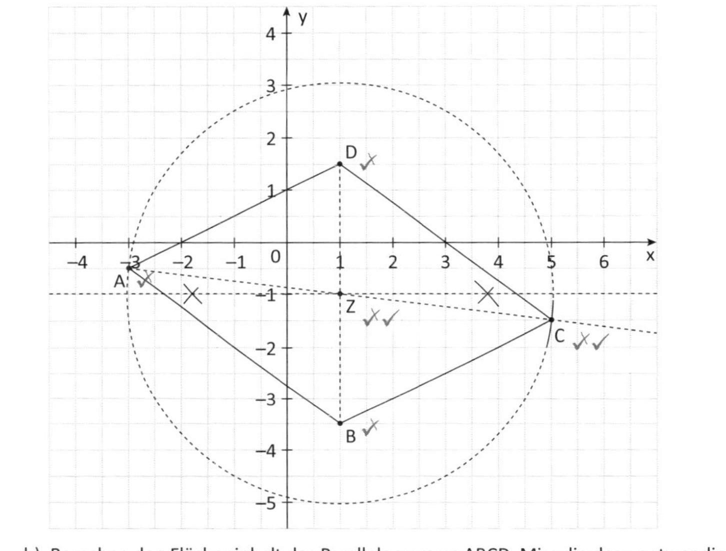

b) Berechne den Flächeninhalt des Parallelogramms ABCD. Miss die dazu notwendigen Längen.

z. B. $A = |\overline{AB}| \cdot h_{\overline{AB}} = 5\ cm \cdot 4\ cm = 20\ cm^2$

6 / 6

Viel Erfolg!

SCHULAUFGABE 2

45 min

NAME: *Erwartungshorizont* KLASSE: ______ DATUM: ____________

THEMA: Term und Zahl / Achsen- und punktsymmetrische Figuren / Winkel an einer Geradenkreuzung

INSGESAMT ERREICHTE PUNKTE: *30* / 30

Note: *1*

1 Kreuze an, welcher Term die Aussage richtig beschreibt. K5/6

a) Die Summe aus dem 2,5-Fachen einer Zahl und 2,5.

☐ T (x) = 2,5 · (x + 2,5) ☒ T (x) = 2,5 · x + 2,5 ☐ T (x) = (2,5 + x) + 2,5 ☐ T (x) = 2,5 · x – 2,5

b) Ein Viertel der Differenz mit dem Subtrahenden 4 und dem Minuenden einer Zahl.

☒ T (x) = 0,25 · (x – 4) ☐ T (x) = 0,25 · x – 4 ☐ T (x) = 0,25 · (4 – x) ☐ T (x) = (x – 4) : 0,25

1 / 1

2 Mit Streichhölzern lässt sich ein Zaun legen. K1/4/5

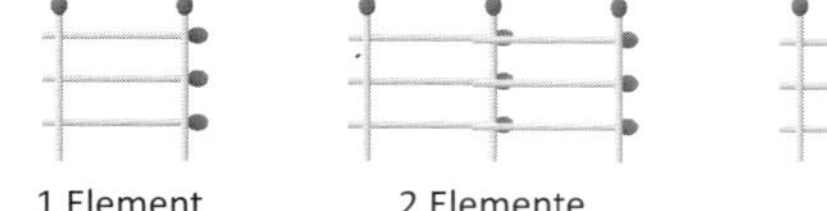

1 Element 2 Elemente 3 Elemente

a) Gib an, wie viele Streichhölzer für das vierte Element benötigt werden. *17 Streichhölzer*

b) Stelle einen Term auf, der die Anzahl der benötigten Streichhölzer für den Zaun in Abhängigkeit von der Anzahl x (x ∈ ℕ) der Elemente angibt, und berechne damit die Anzahl der Streichhölzer für das 555. Element.

$T(x) = 4 \cdot x + 1$

$T(555) = 4 \cdot 555 + 1 = 2220 + 1 = 2221$

c) Entscheide und begründe, ob Sven Recht hat.

Sven hat nicht Recht. Man kann den Term $T_2(x)$ vereinfachen:

$T_2(x) = 4 + 4x - 4 = 4x$

Dann sieht man, dass die Terme $T(x) = 4 \cdot x + 1$ aus Teilaufgabe b) und

$T_2(x) = 4x$ nicht äquivalent sind.

7 / 7

3 Vereinfache die Terme so weit wie möglich. K5

a) $T(x) = -\frac{3}{8}x^2 : \left(-\frac{9}{16}x\right)$

$= \frac{3x^2}{8} \cdot \frac{16}{9x}$

$= \frac{x \cdot 2}{1 \cdot 3} = \frac{2}{3}x$

b) $T(x) = (4x^3)^2 - \frac{4}{x^{-6}} - (3x^2)^3$

$= 16x^6 - 4x^6 - 27x^6$

$= (16 - 4 - 27) \cdot x^6 = -15x^6$

6 / 6

4 Ergänze die unvollständige Figur so, dass sie … K2/4

a) … genau eine Symmetrieachse besitzt. b) … genau zwei Symmetrieachsen besitzt.

Zeichne in Teilaufgabe a) und Teilaufgabe b) jeweils die Symmetrieachse(n) farbig ein.

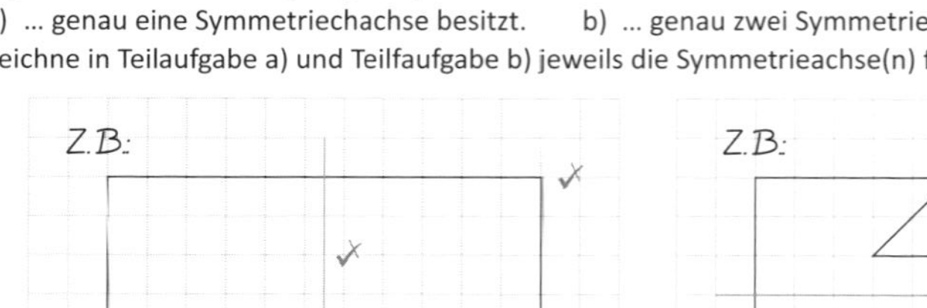

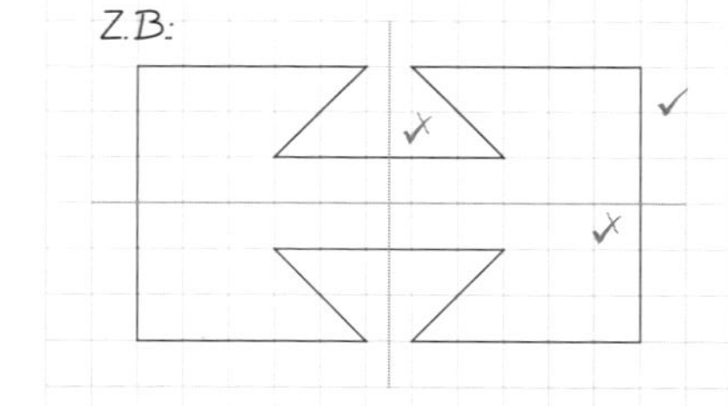

3 / 3

5 Spiegle mithilfe des Geodreiecks den Punkt P an der Geraden s und zeichne einen Fixpunkt zur Symmetrieachse s ein. K4

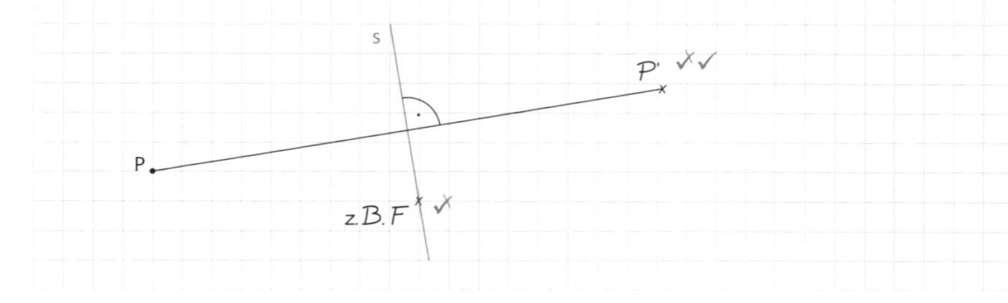

2 / 2

6 a) Marie soll nur mithilfe von Zirkel und Lineal eine Senkrechte s zu einer Geraden g durch einen Punkt P, der nicht auf der Geraden g liegt, konstruieren. Beschreibe ein mögliches Vorgehen. K2/4/6

Z.B. zeichnet man um P einen Kreisbogen, der die Gerade g in zwei Punkten A und B schneidet. Anschließend zeichnet man zwei Kreisbögen mit gleichem, genügend großem Radius, deren Mittelpunkte die Punkte A und B sind. Diese Kreisbögen schneiden sich in zwei Punkten, durch die man die gesuchte Senkrechte s zeichnet.

b) Konstruiere nur mithilfe von Zirkel und Lineal einen Winkel der Größe 120°.
Dein Vorgehen muss nachvollziehbar sein.

Z.B.:

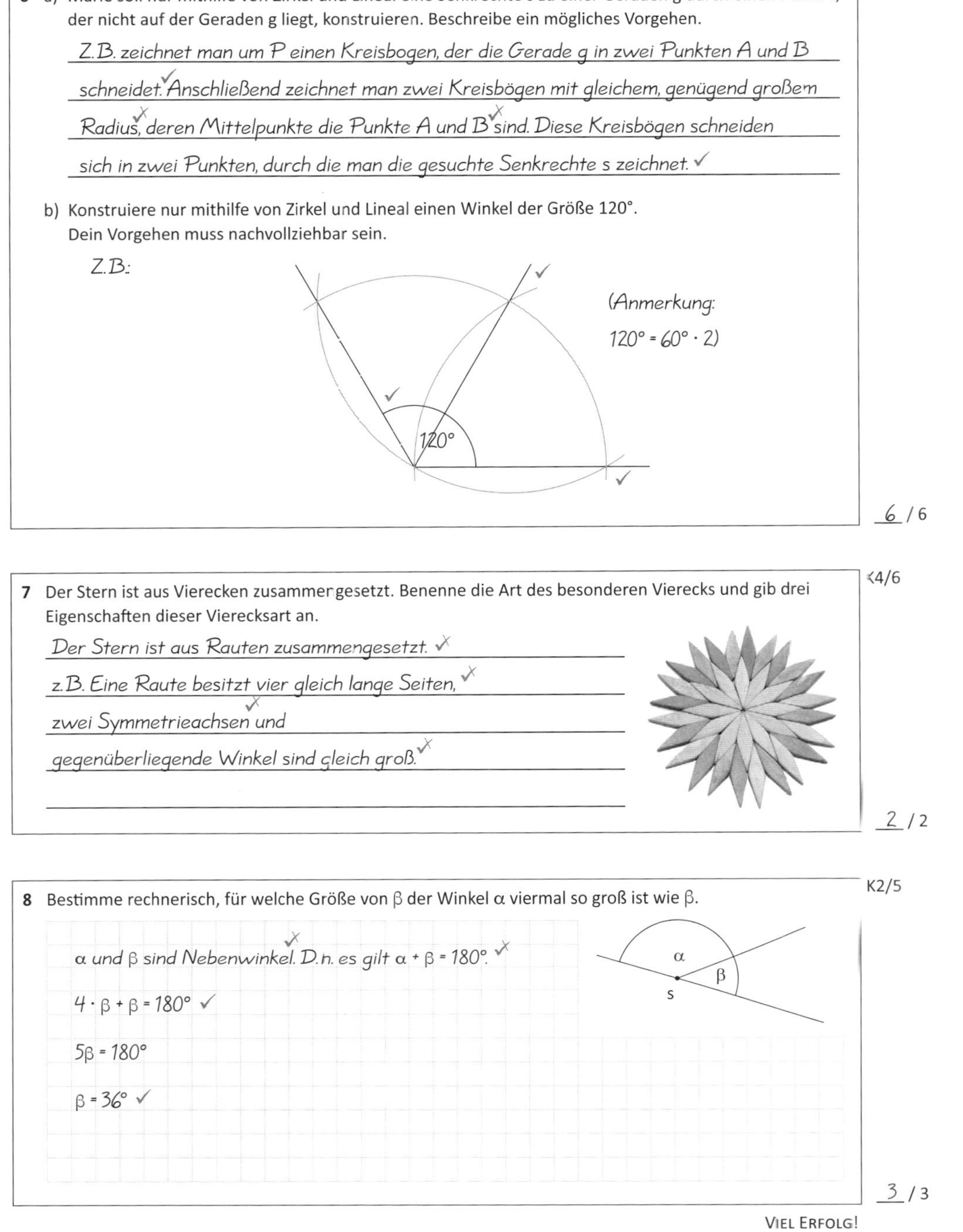

6 / 6

7 Der Stern ist aus Vierecken zusammengesetzt. Benenne die Art des besonderen Vierecks und gib drei Eigenschaften dieser Vierecksart an. K4/6

Der Stern ist aus Rauten zusammengesetzt.

z.B. Eine Raute besitzt vier gleich lange Seiten,

zwei Symmetrieachsen und

gegenüberliegende Winkel sind gleich groß.

2 / 2

8 Bestimme rechnerisch, für welche Größe von β der Winkel α viermal so groß ist wie β. K2/5

α, β, s

α und β sind Nebenwinkel. D.h. es gilt $\alpha + \beta = 180°$.

$4 \cdot \beta + \beta = 180°$

$5\beta = 180°$

$\beta = 36°$

3 / 3

Viel Erfolg!

Schulaufgabe 3

40 min

NAME: *Erwartungshorizont* KLASSE: ______ DATUM: ______

INSGESAMT ERREICHTE PUNKTE: *30* / 30

Note: *1*

THEMA: Winkelbetrachtungen an Figuren / Regeln zum Auflösen von Plus- und Minusklammern / Multiplizieren von Summen mit einer Variablen / Ausklammern

1 a) Ergänze in der Zeichnung jeweils ein Beispiel für die folgenden Winkel und gib ihre Größe an, wenn $\alpha = 75°$ gilt. K1/2/4

① β ist ein Nebenwinkel zu α.

$\beta =$ *$180° - \alpha = 105°$* ✓

② γ ist ein Stufenwinkel zu α.

$\gamma =$ *$\alpha = 75°$* ✓

③ δ ist ein Wechselwinkel zu α.

$\delta =$ *$\alpha = 75°$* ✓

g || h z.B.

b) Entscheide und begründe, ohne zu messen, ob die 47. und die 48. Straße des Stadtteils Manhattan in New York annähernd parallel verlaufen, wenn $\beta = 180° - \alpha$ gilt.

Die beiden Straßen sind parallel, denn γ ist ein Nebenwinkel zu α und ein Wechselwinkel zu β.

D.h. es gilt $\gamma = \beta = 180° - \alpha$. ✓

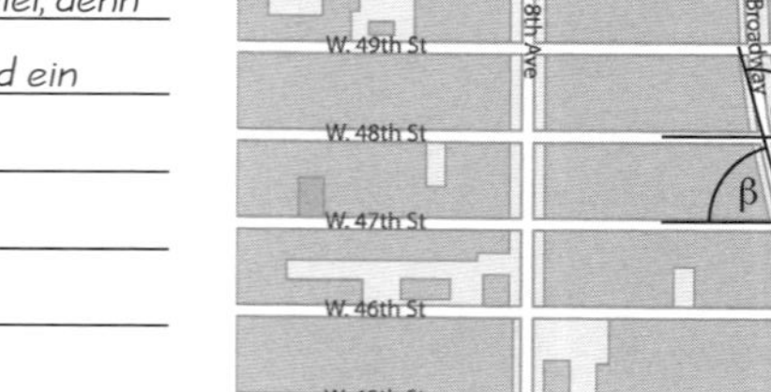

c) Ermittle rechnerisch die Größen aller Innenwinkel des Dreiecks ABC, wenn bekannt ist, dass $\alpha = \frac{1}{2}\beta$ und $\gamma = 3\beta$ gilt.

Die Winkelsumme im Dreieck beträgt 180°, d.h. es gilt $\alpha + \beta + \gamma = 180°$.

$\frac{1}{2}\beta + \beta + 3\beta = 180°$ ✓

$4{,}5\beta = 180°$

$\beta = 40°$ ✓

$\Rightarrow \alpha = 20°, \gamma = 120°$ ✓✓

9 / 9

2 Alle Euromünzen mit Ausnahme der 20-Cent-Münze sind rund. K1/2/5

Die 20-Cent-Münze besitzt dagegen sieben Einkerbungen. Verbindet man diese, so erhält man ein regelmäßiges Siebeneck.

a) Berechne die Winkelsumme im regelmäßigen Siebeneck.

Für die Winkelsumme im n-Eck gilt: $(n-2) \cdot 180°$.

Winkelsumme im Siebeneck: $(7-2) \cdot 180° = 5 \cdot 180° = 900°$ ✓✓✓

b) Gib die besondere Art der sieben Dreiecke an, in die man das regelmäßige Siebeneck zerlegen kann, und berechne die Größe aller seiner Innenwinkel auf eine Dezimale gerundet. Begründe dein Vorgehen.

Es liegen sieben gleichschenklige Dreieck vor. ✓

Der Winkel an der Spitze des gleichschenkligen Dreiecks beträgt $360° : 7 \approx 51{,}4°$ (Mittelpunktswinkel besitzt eine Größe von 360°). ✓✓

Die Größe der Basiswinkel beträgt dann aufgrund der Winkelsumme im Dreieck $(180° - 51{,}4°) : 2 = 128{,}6° : 2 = 64{,}3°$. ✓✓

7 / 7

3 a) Vereinfache den Term $T(x; y) = \frac{3}{4}y + \left(\frac{2}{3}x\right)^2 - \left(\frac{1}{9}x^2 - \frac{1}{2}y\right)$ möglichst weitgehend. K5

$T(x; y) = \frac{3}{4}y + \left(\frac{2}{3}x\right)^2 - \left(\frac{1}{9}x^2 - \frac{1}{2}y\right) = \frac{3}{4}y + \frac{4}{9}x^2 - \frac{1}{9}x^2 + \frac{1}{2}y = \frac{3}{9}x^2 + 1\frac{1}{4}y = \frac{1}{3}x^2 + 1\frac{1}{4}y$ ✓✓✓✓✓

b) Vereinfache den Term $T(a) = 3 - (1{,}1a - 3{,}5) \cdot (-4) + 2{,}7a$ möglichst weitgehend.

$T(a) = 3 - (1{,}1a - 3{,}5) \cdot (-4) + 2{,}7a = 3 + 4{,}4a - 14 + 2{,}7a = 7{,}1a - 11$ ✓✓✓

c) Klammere den Faktor 0,5b aus dem Term $T(a; b) = 3b^2 - \frac{11}{2}ab$ aus.

$T(a; b) = 3b^2 - \frac{11}{2}ab = 0{,}5b \cdot (6b - 11a)$ ✓✓

7 / 7

4 K1/5

Entscheide und begründe, ob Jonathan Recht hat.

Jonathan hat nicht Recht, denn es gilt $T(a) = a - (1 - a) = a - 1 - (-a) = a - 1 + a = 2a - 1$. ✓

D.h. die Terme sind nicht äquivalent, sondern besitzen nur für $a = 0$ denselben

Wert. ✓

2 / 2

5 Greta hat im Internet eine Bastelanleitung für eine sechseckige Schachtel gefunden. K3/5

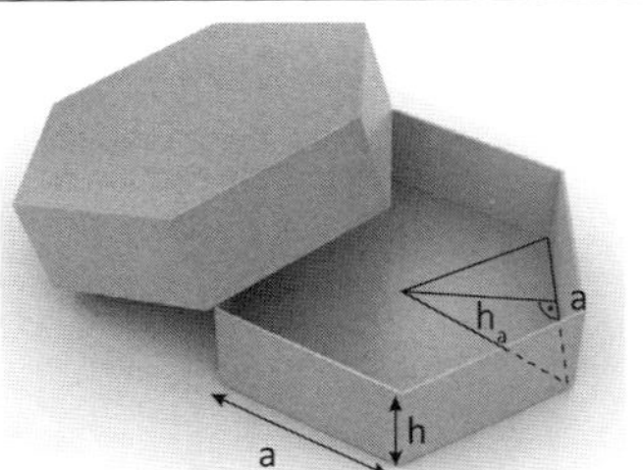

a) Gib einen Term an, mit dem Greta vorteilhaft die Mantelfläche der Schachtel (ohne Deckel) berechnen kann.

Die Mantelfläche besteht cus 6 flächengleichen Rechtecken der Länge a und

Breite h. D.h. es gilt $M = 6 \cdot a \cdot h$. ✓✓

b) Stelle einen Term zur Berechnung des Flächeninhalts des Schachtelbodens auf und berechne den Flächeninhalt für a = 7,5 cm und h_a = 6,5 cm.

Der Schachtelboden besteht aus 6 gleich großen Dreiecks-Flächen, d.h. es gilt

$A = 6 \cdot \frac{1}{2} \cdot a \cdot h_a = 3 \cdot a \cdot h_a$. ✓✓

$A = 3 \cdot 7{,}5\ cm \cdot 6{,}5\ cm = 22{,}5\ cm \cdot 6{,}5\ cm = 146{,}25\ cm^2$ ✓✓

5 / 5

VIEL ERFOLG!

Schulaufgabe 4

40 min

Name: *Erwartungshorizont* Klasse: ____ Datum: ____________

Thema: Winkel an Doppelkreuzungen / Winkelsumme im Dreieck und Vieleck / Umformen von Termen / Aufstellen von Gleichungen

Insgesamt erreichte Punkte: *30* / 30

Note: *1*

1 a) Berechne die Größe der eingezeichneten Winkel und begründe jeweils deine Überlegungen. K1/2/4

g ∥ h

$\delta = 180° - 131° = 49°$ (Nebenwinkel) ✓

$\delta = \alpha = 49°$ (Wechselwinkel an den parallelen Geraden g und h) ✓

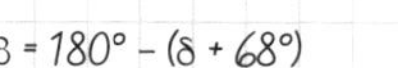

$\beta = 180° - (\delta + 68°)$

$= 180° - (49° + 68°) = 180° - 117°$

$= 63°$ (Winkelsumme im Dreieck DBC) ✓

$\gamma = 68°$ (Wechselwinkel an den parallelen Geraden g und h) ✓

$\varepsilon = 180° - (\gamma + 67°) = 180° - (68° + 67°) = 180° - 135° = 45°$ ✓

(Winkelsumme im Dreieck ABD) ✓

b) Begründe, dass das Viereck ABCD keine Raute ist.

Bei einer Raute sind gegenüberliegende Winkel gleich groß. ✓

D. h. die Winkel δ und ε müssten die gleiche Größe besitzen. ✓

Es gilt jedoch δ = 49° und ε = 45°. Somit ist ABCD keine Raute. ✓

9 / 9

2 Jonte behauptet, dass er das Fünfeck nur geschickt zerlegen muss, um mithilfe der Winkelsumme im Dreieck die Winkelsumme eines Fünfecks angeben zu können. Zeichne Jontes Überlegungen in das Fünfeck ein und gib die Winkelsumme des Fünfecks an. K2/4

z. B.

Winkelsumme im Fünfeck: *$3 \cdot 180° = 540°$* ✓

2 / 2

3 a) Verwandle den Term $T(x; y) = (0{,}5x^2 - 4y)^2$ in eine Summe und vereinfache ihn. Gib die verwendete binomische Formel an. K2/5

$T(x; y) = (0{,}5x^2)^2 - 2 \cdot 0{,}5x^2 \cdot 4y + (4y)^2 = 0{,}25x^4 - 4x^2y + 16y^2$ ✓

2. binomische Formel ✓

b) Schreibe den Term $T(a; b) = 9a^2 - \frac{1}{4}b^2$ als Produkt, indem du eine binomische Formel anwendest.

$T(a; b) = 9a^2 - \frac{1}{4}b^2 = (3a - \frac{1}{2}b)(3a + \frac{1}{2}b)$ ✓

c) Gib die fehlenden Termglieder so an, dass eine wahre Aussage entsteht.

$T(s; t) = (3s + \square)^2 = \square + \square + 36t^2$

$T(s; t) = (3s + 6t)^2 = 9s^2 + 36st + 36t^2$ ✓

5 / 5

4 Die Schreinerei Moser betreibt eine Webseite, über die man sich individuelle Schranksysteme bestellen kann. Ein Schranksystem, das man vorauswählen kann, besitzt die Maße aus der nicht maßstabsgetreuen Abbildung. Die Breite b muss man in Zentimeter eingeben. K1/3/5

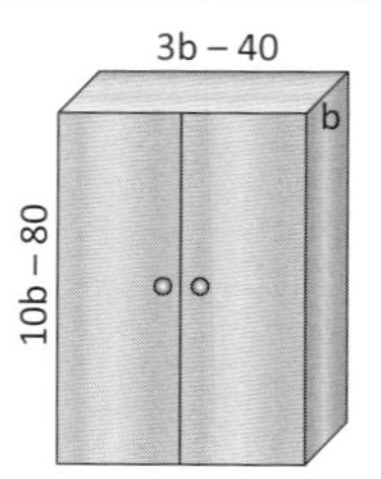

a) Begründe, dass auf der Webseite ein Fehler angezeigt wird, wenn man als Breite b = 10 cm auswählt.

z. B. Für b = 10 cm muss ein Fehler angezeigt werden, da die Länge 3b – 40 des Schrankes dann eine negative Maßzahl besitzen würde. ✓

b) Stelle einen Term für den Oberflächeninhalt des Schrankes in Abhängigkeit von b auf und vereinfache ihn so weit wie möglich.

$O(b) = 2 \cdot [b \cdot (10b - 80) + b \cdot (3b - 40) + (10b - 80)(3b - 40)]$ ✓

$= 2 \cdot [10b^2 - 80b + 3b^2 - 40b + 30b^2 - 400b - 240b + 3200]$ ✓✓

$= 2 \cdot [43b^2 - 760b + 3200]$ ✓

$= 86b^2 - 1520b + 6400$ ✓

8 / 8

5 Die Variable x beschreibt die Masse in K logramm, mit welcher der Aufzughersteller pro Person rechnet. Kreuze an, welche Gleichung zum abgebildeten Schild passt. K3/5

- ☐ $x + 13 = 1000$
- ☐ $1000 - x = 13$
- ☒ $x \cdot 13 = 1000$ ✓
- ☐ $x \cdot 1000 = 13$
- ☐ $1000 - 13 = x$
- ☐ $13 : x = 1000$

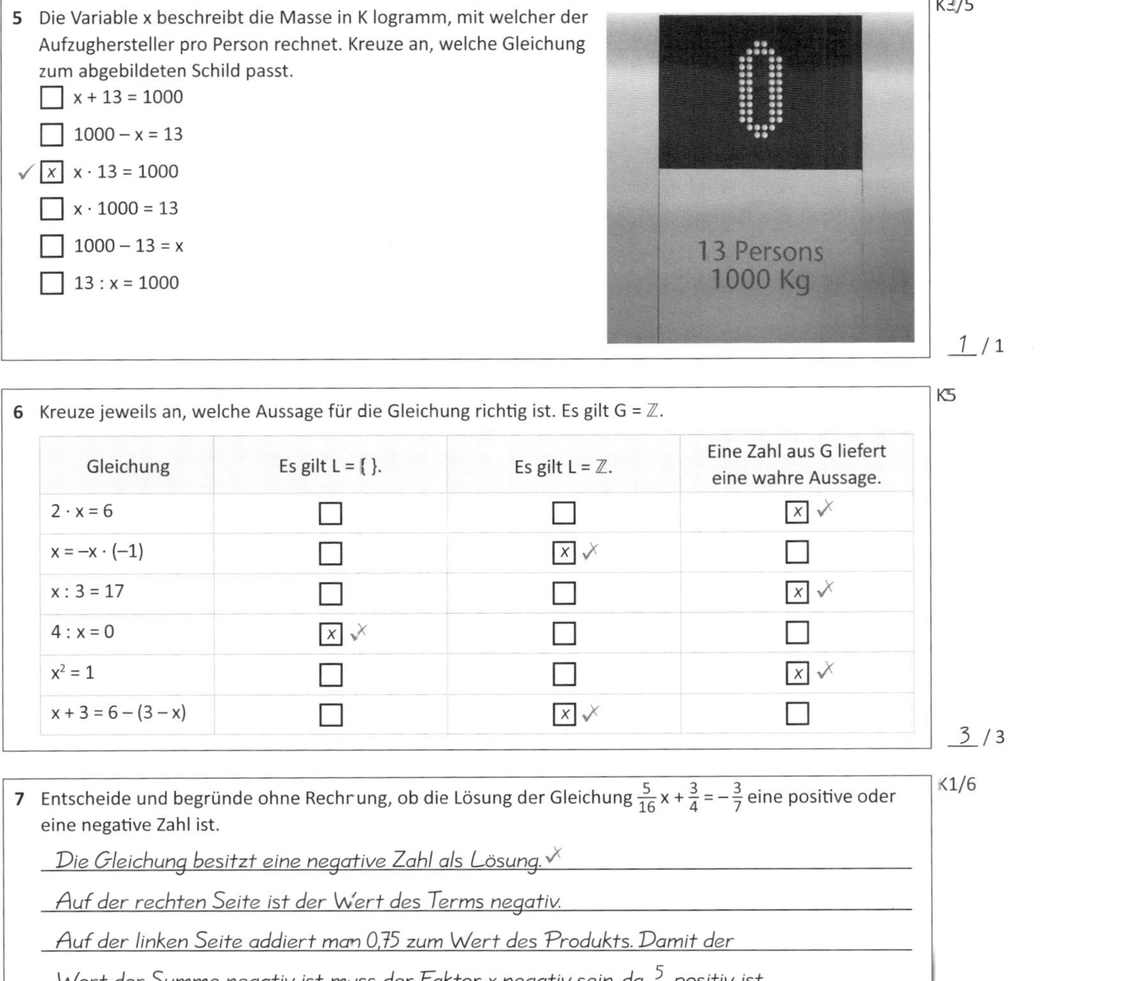

1 / 1

6 Kreuze jeweils an, welche Aussage für die Gleichung richtig ist. Es gilt $G = \mathbb{Z}$. K5

Gleichung	Es gilt L = { }.	Es gilt $L = \mathbb{Z}$.	Eine Zahl aus G liefert eine wahre Aussage.
$2 \cdot x = 6$	☐	☐	☒ ✓
$x = -x \cdot (-1)$	☐	☒ ✓	☐
$x : 3 = 17$	☐	☐	☒ ✓
$4 : x = 0$	☒ ✓	☐	☐
$x^2 = 1$	☐	☐	☒ ✓
$x + 3 = 6 - (3 - x)$	☐	☒ ✓	☐

3 / 3

7 Entscheide und begründe ohne Rechr ung, ob die Lösung der Gleichung $\frac{5}{16}x + \frac{3}{4} = -\frac{3}{7}$ eine positive oder eine negative Zahl ist. K1/6

Die Gleichung besitzt eine negative Zahl als Lösung. ✓

Auf der rechten Seite ist der Wert des Terms negativ.

Auf der linken Seite addiert man 0,75 zum Wert des Produkts. Damit der Wert der Summe negativ ist, ✓ *muss der Faktor x negativ sein,* ✓ *da $\frac{5}{16}$ positiv ist.* ✓

2 / 2

Viel Erfolg!

Schulaufgabe 5

40 min

NAME: *Erwartungshorizont* KLASSE: ____ DATUM: ______

THEMA: Multiplizieren von Summen / Die binomischen Formeln
Lineare Gleichungen und Vertiefung der Prozentrechnung

INSGESAMT ERREICHTE PUNKTE: 30 / 30

Note: 1

1 Vereinfache den Term $T(x; y) = \frac{1}{4}(x - 2y)(x + 2y) - (0{,}25x + 4y)(x - y)$ möglichst weitgehend. K5

$T(x; y) = \frac{1}{4}(x - 2y)(x + 2y) - (0{,}25x + 4y)(x - y)$

$= \frac{1}{4}(x^2 - 4y^2) - (0{,}25x^2 - 0{,}25xy + 4xy - 4y^2)$ ✓✓✓

$= \frac{1}{4}x^2 - y^2 - 0{,}25x^2 - 3{,}75xy + 4y^2$

$= 3y^2 - 3{,}75xy$ ✓✓

5 / 5

2 a) Zeichne ein Quadrat mit geeignet gewählter Seitenlänge, zerlege es dem Term $T(b) = (b - 1)^2$ entsprechend in vier Teilflächen und beschrifte die Skizze. Gib dann die vollständige binomische Formel an. K1/4/5

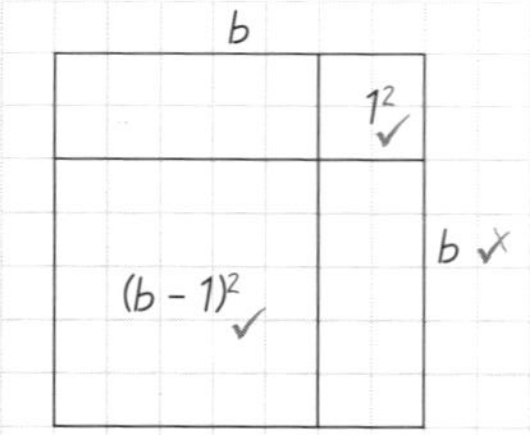

(Skizze: Quadrat mit Seitenlänge b; Teilflächen $(b-1)^2$ ✓ und 1^2 ✓; b ✓)

$T(b) = (b - 1)^2 = b^2 - b \cdot 1 - b \cdot 1 + 1^2 = b^2 - 2b + 1$ ✓✓

b) Es gilt $T(a; b) = (a - b)^2 - a^2 - b^2 = 0$.

Entscheide und begründe, ob Liv Recht hat.

Liv hat nicht Recht. ✓

z.B.: Sie hat beim Ausmultiplizieren der 2. binomischen Formel den Term $-2ab$ vergessen.

Es gilt $T(a; b) = (a - b)^2 - a^2 - b^2 = a^2 - 2ab + b^2 - a^2 - b^2 = -2ab$. ✓✓

6 / 6

3 a) Ermittle rechnerisch die Lösungsmenge der Gleichung $5(x - 3) + 4{,}5x = \frac{x}{2}$ über der Grundmenge $\mathbb{Q}$. K5/6

$5(x - 3) + 4{,}5x = \frac{x}{2}$

$5x - 15 + 4{,}5x = 0{,}5x$ ✓

$9{,}5x - 15 = 0{,}5x$ ✓ $\quad | -0{,}5x + 15$

$9x = 15 \quad | : 9$ ✓

$x = \frac{15}{9} = \frac{5}{3} \in \mathbb{Q}$ ✓

$L = \{\frac{5}{3}\}$ ✓

b) Beschreibe, was man unter einer Äquivalenzumformung versteht, und gib ein Beispiel an.

Äquivalenzumformungen helfen beim Vereinfachen von Gleichungen. Es sind Umformungen, die die Lösungsmenge der Gleichung nicht verändern. ✓

Beispiel: Man addiert auf beiden Seiten der Gleichung die gleiche Zahl. ✓

6 / 6

4 Yul macht mit seiner Familie einen Ausflug in den Münchner Tierpark. Eine Karte für Erwachsene ist 2,5-mal so teuer wie eine Karte für Kinder. Die Familie müsste für zwei Erwachsene, Yul und seine beiden Brüder 48 € Eintritt zahlen. K2/3/5

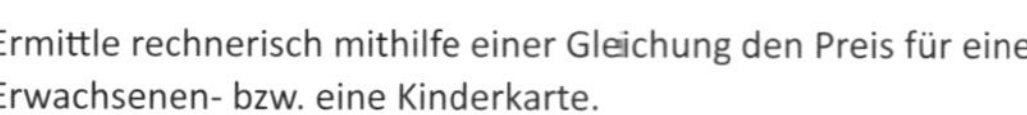

a) Ermittle rechnerisch mithilfe einer Gleichung den Preis für eine Erwachsenen- bzw. eine Kinderkarte.

x: Preis einer Kinderkarte in Euro ✓

$2 \cdot 2{,}5 \cdot x + 3 \cdot x = 48$ ✓✓

$5x + 3x = 48$

$8x = 48 \quad | : 8$

$x = 6$ ✓

Eine Kinderkarte kostet 6 € und eine Karte für Erwachsene 15 €. ✓✓

b) Berechne die Ersparnis der Familie in Prozent, wenn sie statt der Einzelkarten ein Familienticket für 33 € kauft.

$p = \frac{48\,€ - 33\,€}{48\,€} = \frac{15}{48} = \frac{5}{16} = 0{,}3125 = 31{,}25\,\%$ ✓✓

6 / 6

K2/3/4

5 Die Grafik zeigt, die Entwicklung der CO_2-Emissionen pro Einwohnerin bzw. Einwohner in Deutschland in den Jahren 2005 bis 2019.

CO_2-Ausstoß in Tonnen

0, 1, 2, 3, 4, 5, 6, 7, 8, 9, 10

2005 2006 2007 2008 2009 2010 2011 2012 2013 2014 2015 2016 2017 2018 2019 Jahr

a) Bestimme rechnerisch den Abnahmefaktor des CO_2-Ausstoßes pro Einwohnerin bzw. Einwohner als Dezimalzahl, wenn das Jahr 2005 den Grundwert und das Jahr 2017 den Prozentwert bildet. Gib an, um viel Prozent der CO_2-Ausstoß pro Einwohnerin bzw. Einwohner gesunken ist.

$\frac{8,9}{10} = 0,89$ ✓ Der CO_2-Ausstoß ist um 11 % gesunken. ✓

b) Entscheide und begründe, ob die Aussage wahr ist.
Der Wachstumsfaktor vom Jahr 2005 hin zum Jahr 2006 besitzt den Wert 1,1.

Die Aussage ist falsch. ✓ Z.B.: Der richtige Wachstumsfaktor lautet: $\frac{10,1}{10} = 1,01$ oder:
Wenn der Wachstumsfaktor 1,1 betragen würde, müsste der CO_2-Ausstoß im Jahr 2006 11 Tonnen pro Person betragen. Es sind jedoch nur 10,1 Tonnen. ✓✓

c) Ermittle mithilfe des Dreisatzes den CO_2-Ausstoß in Tonnen, den jede Einwohnerin bzw. jeder Einwohner ausstoßen darf, wenn die CO_2-Emissionen im Jahr 2025 im Vergleich zu 2014 um 20 % verringert werden sollen.

100 % ≙ 9,2 Tonnen ✓

10 % ≙ 0,92 Tonnen

80 % ≙ 7,36 Tonnen ✓✓

d) Kreuze jeweils an, ob die Aussage wahr oder falsch ist oder ob du keine Aussage treffen kannst.

Aussage	wahr	falsch	keine Aussage möglich
Der CO_2-Ausstoß pro Einwohnerin bzw. Einwohner ist seit 2005 kontinuierlich gesunken.	☐	☒ ✓	☐
Der CO_2-Ausstoß von Erwachsenen ist höher als der von Kindern.	☐	☐	☒ ✓

7 / 7

VIEL ERFOLG!

SCHULAUFGABE 6

40 min

NAME: *Erwartungshorizont* KLASSE: ____ DATUM: ________

INSGESAMT ERREICHTE PUNKTE: *30* / 30

Note: *1*

THEMA: Äquivalenzumformungen / Gleichungen im Sachzusammenhang
Vertiefung der Prozentrechnung / Kenngrößen von Daten

K2/5/6

1 a) Kreuze jeweils an, welche Aussage für die Gleichung richtig ist.

Gleichung	Grundmenge	Es gilt L = { }.	Es gilt L = G.	Eine Zahl aus G liefert eine wahre Aussage.
$5 - x = -x + 1$	$G = \mathbb{Q}$	☒ ✓	☐	☐
$-\frac{1}{3}x = 6$	$G = \mathbb{Z}$	☐	☐	☒ ✓
$2(x + 3) + 1 = 2x + 7$	$G = \mathbb{N}_0$	☐	☒ ✓	☐
$3x + 5 = 3 - x$	$G = \mathbb{Q}^-$	☐	☐	☒ ✓

b) Ermittle die Lösungsmenge der Gleichung $\frac{5x-1}{4} = 1{,}8x$ über der Grundmenge $G = \mathbb{Q}$ rechnerisch.

$\frac{5x-1}{4} = 1{,}8x \quad | \cdot 4$

$5x - 1 = 7{,}2x$ ✓ $\quad | -5x$

$-1 = 2{,}2x$ ✓ $\quad | : 2{,}2$

$-\frac{5}{11} = x$ ✓

$L = \{-\frac{5}{11}\}$ ✓

c) Beschreibe die beiden Fehler, die Hannah beim Umformen der Gleichung gemacht hat.

$6x - 14 = 111 + x \quad | -x + 14$

$5x = 95 \quad | : 5$

$x = 95$

$L = \{95\}$

Hannah hat 14 auf der rechten Seite subtrahiert und nicht addiert (Zeile 2). ✓ *Hannah hat nur auf der linken Seite durch fünf dividiert (Zeile 3).* ✓ *Dies sind jeweils keine Äquivalenzumformungen.*

9 / 9

K3/5

2 Gib jeweils den Wachstums- bzw. den Abnahmefaktor als Dezimalzahl an.

a) Preisminderung von 19 %

Abnahmefaktor: 0,81 ✓

b) Wertsteigerung um 27 %

Wachstumsfaktor: 1,27 ✓

2 / 2

K2/3/5

3 Der Bio-Kirschnektar der Firma Saftpresse besteht zu 45 % aus reinem Bio-Kirschsaft. Drei Liter Bio-Apfeldirektsaft (100 % Apfelsaft) werden mit dem Bio-Kirschnektar gemischt. Daraus entsteht eine Saftmischung, die zu 90 % aus reinem Fruchtsaft besteht. Berechne die für die Mischung verwendete Menge des Bio-Kirschnektars.

x: Menge an Bio-Kirschnektar ✓

$3 + 0{,}45 \cdot x = 0{,}9 \cdot (3 + x)$ ✓✓

$3 + 0{,}45x = 2{,}7 + 0{,}9x$ ✓ $\quad | -2{,}7 - 0{,}45x$

$0{,}3 = 0{,}45x$ ✓ $\quad | : 0{,}45$

$\frac{30}{100} \cdot \frac{100}{45} = x$

$\frac{2}{3} = x$ ✓✓

Man benötigt ca. 0,67 Liter Bio-Kirschnektar. ✓

5 / 5

K1/3/4

4 Das Jahr 2020 war das zweitwärmste Jahr in Deutschland seit Beginn der systematischen Wetteraufzeichnungen. Die Tabelle zeigt die Jahresmitteltemperaturen von fünf Bundesländern.

Bundesland	Jahresmitteltemperatur in °C
Bayern	9,5
Hessen	10,4
Nordrhein-Westfalen	11,1
Schleswig-Holstein	10,5
Thüringen	9,9

a) Berechne das arithmetische Mittel der Datenreihe und gib deren Median sowie Spannweite an.

Arithmetisches Mittel: $\frac{9{,}5 + 10{,}4 + 11{,}1 + 10{,}5 + 9{,}9}{5} = \frac{51{,}4}{5} = 10{,}28$ ✓✓

Median: 10,4 ✓

Spannweite: $11{,}1 - 9{,}5 = 1{,}6$ ✓

b) Entscheide und begründe, ob die Aussage wahr ist.
Ergänzt man die Jahresmitteltemperatur (in °C) von Sachsen-Anhalt (11°C), so nimmt der Median genau diesen Wert an.

Die Aussage ist falsch. ✓

Ergänzt man den Wert für Sachsen-Anhalt, besteht die Datenreihe aus 6 Werten. Damit ist der Median das arithmetische Mittel aus den beiden mittleren Werten:

$\frac{10{,}4 + 10{,}5}{2} = 10{,}45.$ ✓✓

6 / 6

K3/4/6

5 Beim Schulfest kann man am Stand der Klasse 7b Basketball-Freiwürfe werfen. Man darf zehn Mal werfen und erhält je nach Trefferanzahl unterschiedliche Preise. Im Diagramm ist für alle teilnehmenden Personen die Trefferanzahl dargestellt.

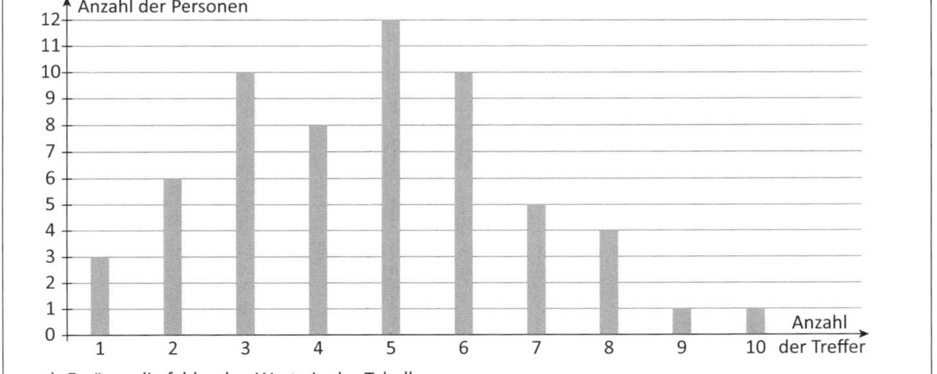

a) Ergänze die fehlenden Werte in der Tabelle.

Anzahl der teilnehmenden Personen	Spannweite	Median	Q_1
60 ✓	9 ✓	5 ✓	3 ✓

Anzahl der Personen: $3 + 6 + 10 + 8 + 12 + 10 + 5 + 4 + 1 + 1 = 60$

Spannweite: $10 - 1 = 9$

Median (Betrachtung der Werte 30 und 31): 5

Q_1 (Betrachtung der Werte 15 und 16): 3

b) Berechne, wie viel Prozent der teilnehmenden Personen mehr als 7 Treffer erzielt haben.

$p = \frac{4+1+1}{60} = \frac{6}{60} = \frac{1}{10} = 10\,\%$ ✓✓

c) Oskar hat zum Sachverhalt einen Boxplot erstellt. Beschreibe, welche Fehler er dabei gemacht hat.

Oskar hat Q_1 falsch eingezeichnet. ✓

Oskar hat den Median falsch eingezeichnet. ✓

Oskar hat Q_3 falsch eingezeichnet (Betrachtung der Werte 45 und 46 liefert $Q_3 = 6$). ✓

8 / 8

VIEL ERFOLG!

Schulaufgabe 7

40 min

NAME: *Erwartungshorizont* KLASSE: ______ DATUM: ____________

THEMA: Kenngrößen von Daten / Kongruente Figuren / Kongruenzsätze für Dreiecke / Besondere Dreiecke / Rechtwinklige Dreiecke / Kreis und Gerade

INSGESAMT ERREICHTE PUNKTE: *30* / 30

Note: *1*

1 In der Klasse 7b gab es eine Umfrage unter 15 Jungen zu ihrer durchschnittlichen täglichen Mediennutzung in Stunden: 6; 3; 1; 4; 2; 4; 5; 3; 3; 7; 5; 3; 2; 4; 5. K1/3/4

a) Stelle die Ergebnisse der Umfrage in einem Säulendiagramm dar.

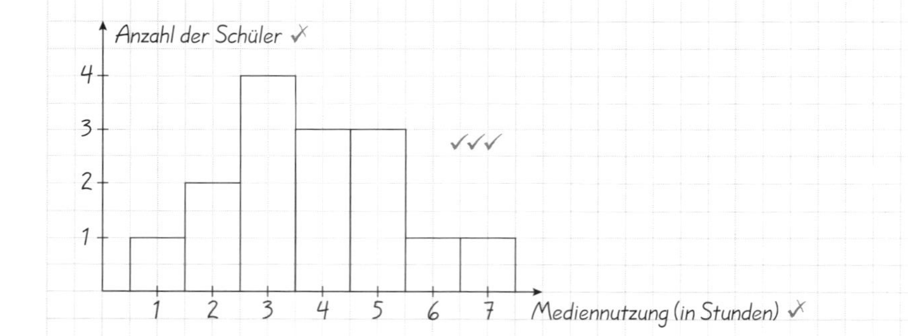

b) Berechne das arithmetische Mittel und gib den Median der Datenreihe an.

Arithmetisches Mittel: $\frac{1+2\cdot 2+4\cdot 3+3\cdot 4+3\cdot 5+6+7}{15}=\frac{57}{15}=3{,}8$

Median (8. Wert der geordneten Datenreihe): 4

c) Entscheide und begründe, ob Juri Recht hat.

Die Aussage ist richtig.

Die Datenreihe hat dann 16 Werte. Der Median ist das arithmetische Mittel des 8. und 9. Wertes, d. h. der Median ist weiterhin 4 und ändert sich nicht. Das arithmetische Mittel ändert sich: $\frac{57+9}{16}=\frac{66}{16}=4\frac{2}{16}=4\frac{1}{8}$

10 / 10

2 Entscheide jeweils, ob die Aussage zu den Boxplots wahr ist. Berichtige falsche Aussagen. K1/4/6

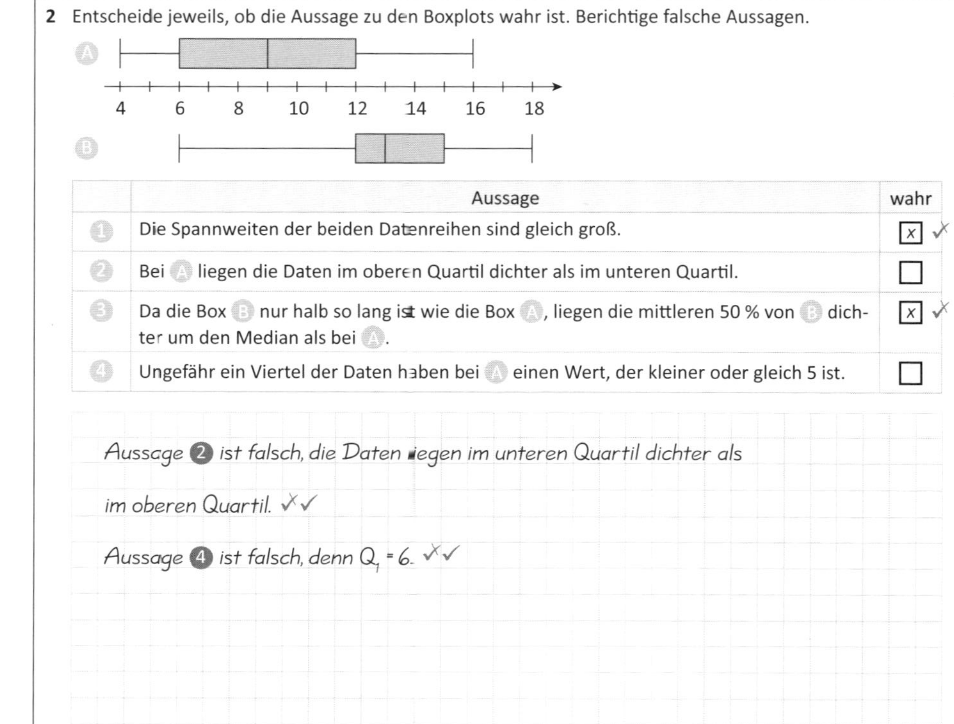

	Aussage	wahr
1	Die Spannweiten der beiden Datenreihen sind gleich groß.	☒
2	Bei A liegen die Daten im oberen Quartil dichter als im unteren Quartil.	☐
3	Da die Box B nur halb so lang ist wie die Box A, liegen die mittleren 50 % von B dichter um den Median als bei A.	☒
4	Ungefähr ein Viertel der Daten haben bei A einen Wert, der kleiner oder gleich 5 ist.	☐

Aussage 2 ist falsch, die Daten liegen im unteren Quartil dichter als im oberen Quartil.

Aussage 4 ist falsch, denn $Q_1 = 6$.

4 / 4

3 a) Ergänze die Bildfigur F' so, dass die Figuren F und F' zueinander kongruent sind. K1/2/4

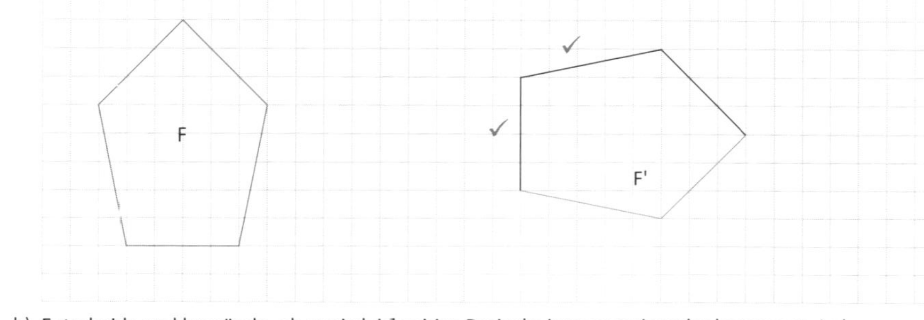

b) Entscheide und begründe, ob zwei gleichseitige Dreiecke immer zueinander kongruent sind.

Die Aussage ist falsch.

Zwei gleichseitige Dreiecke sind nur dann zueinander kongruent, wenn sie in der Länge ihrer Seiten übereinstimmen.

4 / 4

K1/4/6

4 a) Amaya hat ihr Vorgehen zur Konstruktion eines Dreiecks auf Kärtchen notiert. Bringe diese in die richtige Reihenfolge, in dem du sie mit den Ziffern 1-3 beschriftest, und benenne den zugehörigen Kongruenzsatz.

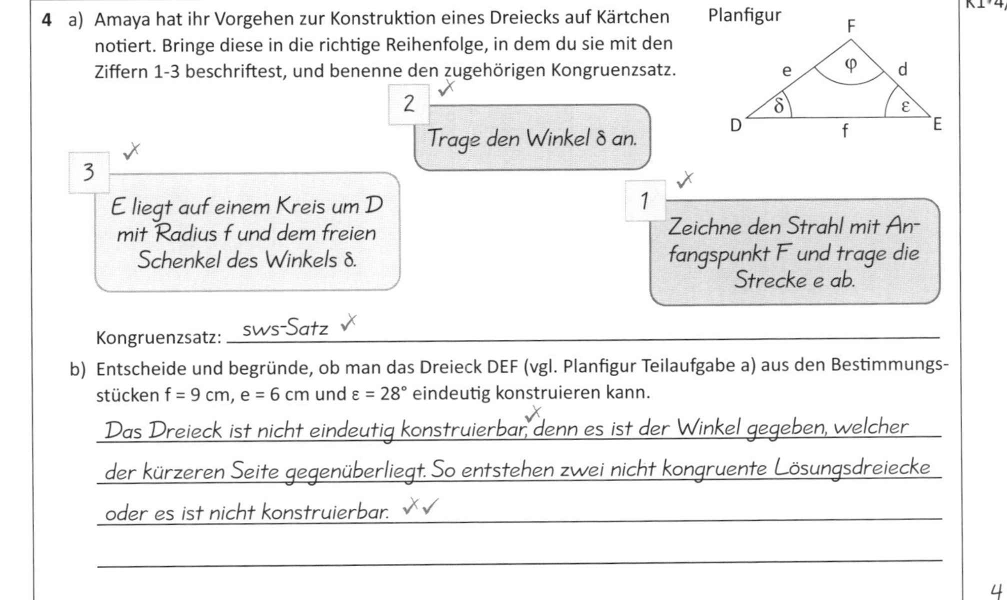

Kongruenzsatz: sws-Satz ✓

b) Entscheide und begründe, ob man das Dreieck DEF (vgl. Planfigur Teilaufgabe a) aus den Bestimmungsstücken f = 9 cm, e = 6 cm und ε = 28° eindeutig konstruieren kann.

Das Dreieck ist nicht eindeutig konstruierbar, denn es ist der Winkel gegeben, welcher der kürzeren Seite gegenüberliegt. So entstehen zwei nicht kongruente Lösungsdreiecke oder es ist nicht konstruierbar. ✓✓

4 / 4

K2/4

5 Gegeben ist die Strecke $\overline{AB}$. Konstruiere ein gleichschenkliges Trapez der Höhe h = 3 cm, dessen Eckpunkte C und D gleichzeitig auf dem Thaleskreis über der Grundlinie $\overline{AB}$ liegen.

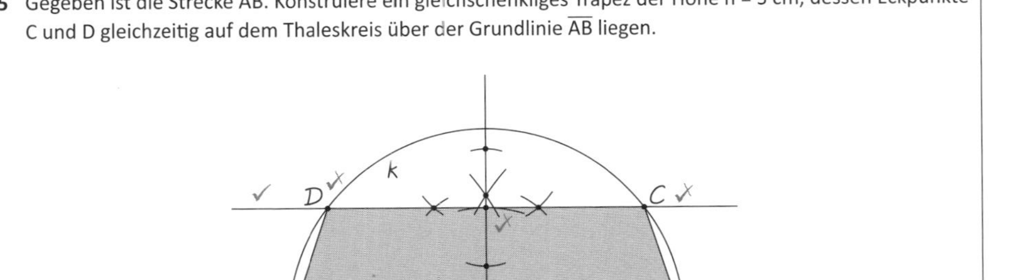

4 / 4

K2/3/4

6 Mara hat auf dem Dachboden ihrer Großmutter einen alten Globus gefunden und blickt aus einem Meter Entfernung darauf. Ermittle durch Konstruktion, welchen Ausschnitt des Globus sie sehen kann.
Hinweis: Nutze den eingezeichneten Mittelpunkt M der Erdkugel.

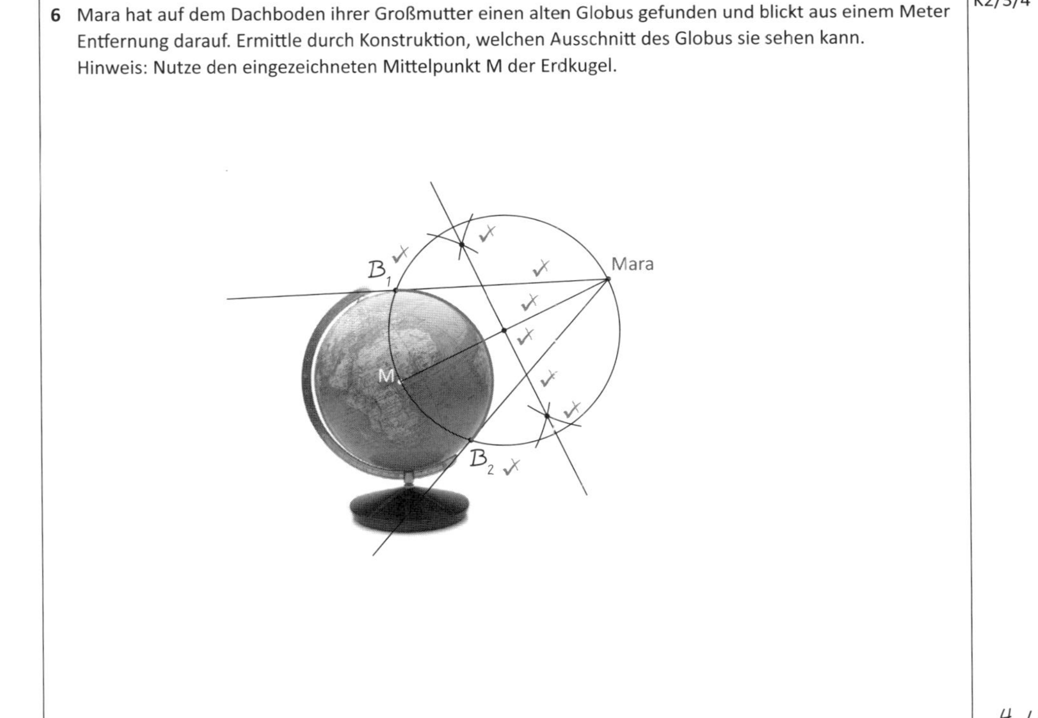

4 / 4

VIEL ERFOLG!

Schulaufgabe 8

40 min

Name: *Erwartungshorizont* Klasse: ____ Datum: ____

Thema: Kongruenz, besondere Dreiecke und Dreieckskonstruktionen

Insgesamt erreichte Punkte: *30* / 30

Note: *1*

K1/2

1 a) Zerlege das Rechteck in vier kongruente Teilfiguren, die weder rechteckig noch quadratisch sind.

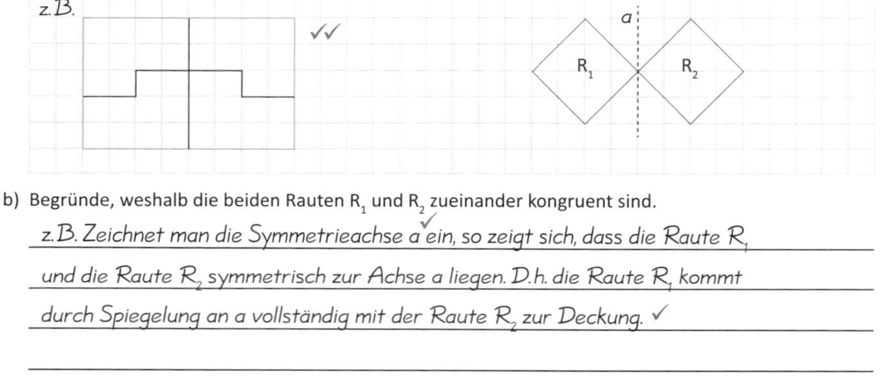

b) Begründe, weshalb die beiden Rauten R_1 und R_2 zueinander kongruent sind.

z.B. Zeichnet man die Symmetrieachse a ein, so zeigt sich, dass die Raute R_1 und die Raute R_2 symmetrisch zur Achse a liegen. D.h. die Raute R_1 kommt durch Spiegelung an a vollständig mit der Raute R_2 zur Deckung. ✓

4 / 4

K2/4/6

2 Von einem gleichschenkligen Dreieck ist bekannt, dass der Winkel an der Spitze 56° beträgt und die Basis 6 cm lang ist.

a) Konstruiere das Dreieck und beschreibe dein Vorgehen.

Bestimme die Größe der Basiswinkel: (180° – 56°) : 2 = 62° ✓

C, A, B, a, b, c, α = 62°, β = 62°

1. Die Punkte A und B werden durch die Strecke c (Basis) festgelegt.

2. Der Punkt C liegt auf

a) dem freien Schenkel des Winkels α = 62° und

b) dem freien Schenkel des Winkels β = 62°.

b) Ergänze den Satz.

Das Dreieck ist nach dem *wsw*-Satz eindeutig konstruierbar.

6 / 6

K1/6

3 a) Formuliere die Umkehrung des Satzes von Thales.

Wenn ein Dreieck ABC rechtwinklig ist, dann liegt der Scheitel C des rechten Winkels auf dem Kreis, der die Hypotenuse $\overline{AB}$ als Durchmesser hat. ✓✓

b) Beschreibe, welcher Zusammenhang zwischen dem Umkreis und dem Satz des Thales besteht.

Im rechtwinkligen Dreieck ist der Thaleskreis über der Hypotenuse gleichzeitig der Umkreis. ✓

c) Entscheide jeweils, ob die Aussage wahr oder falsch ist.

Aussage	wahr	falsch
Von einem Punkt innerhalb des Kreises kann man eine Tangente an den Kreis legen.	☐	☒ ✓
Zwei Kreise können vier gemeinsame Tangenten besitzen.	☒ ✓	☐
Eine Tangente steht im Berührpunkt senkrecht auf dem Berührradius.	☒ ✓	☐
Zwei Kreise besitzen immer mindestens eine gemeinsame Tangente.	☐	☒ ✓

6 / 6

K3/4

4 Tayo hat eine Schatzkarte gefunden. Die Anweisung lautet, dass der Schatz genau denselben Abstand von der Tanne, der Höhle und dem Felsen besitzt. Konstruiere den mutmaßlichen Standort des Schatzes.

4 / 4

K1/2/4

5 a) Entscheide und begründe, ob Maja Recht hat.

Ich habe den Höhenschnittpunkt eines Dreiecks ermittelt. Dieser liegt außerhalb des Dreiecks, also weiß ich, dass das Dreieck rechtwinklig ist.

Maja hat nicht Recht. ✓

Liegt der Schnittpunkt der Höhen außerhalb des Dreiecks, so ist dieses stumpfwinklig.

Ein rechtwinkliges Dreieck liegt vor, wenn der Schnittpunkt der Höhen mit der Ecke zusammenfällt, die der Hypotenuse gegenüberliegt. ✓✓

b) Konstruiere ein Dreieck ABC aus den Bestimmungsstücken b = 5,5 cm, h_b = 4 cm, γ = 55°.

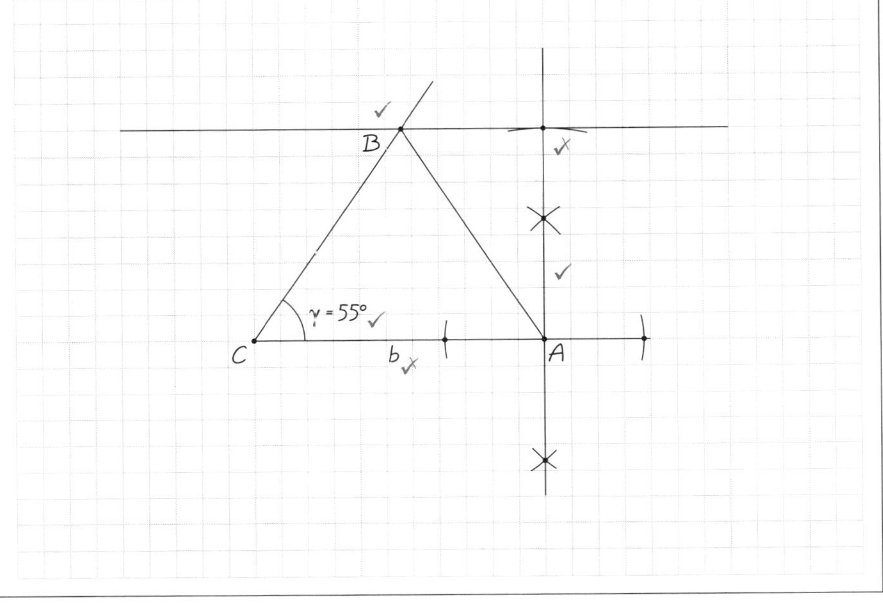

6 / 6

K4/6

6 Gegeben sind die Dreiecke ABC, DEF und MNO. Benenne jeweils die besonderen Linien, die im Dreieck eingezeichnet sind, und gib jeweils – falls möglich – die Bedeutung des Schnittpunkts der Linien an.

Im Dreieck ABC sind die Mittelsenkrechten eingezeichnet. Der Schnittpunkt K der Mittelsenkrechten ist zugleich der Mittelpunkt des Umkreises des Dreiecks ABC.

Im Dreieck DEF sind die Winkelhalbierenden eingezeichnet. Der Schnittpunkt T der Winkelhalbierenden ist zugleich der Mittelpunkt des Inkreises des Dreiecks DEF.

Im Dreieck MNO sind die Höhen eingezeichnet. ✓

4 / 4

VIEL ERFOLG!

Inhaltlicher Bezug der Tests zu den Kapiteln der Schulbücher anderer Verlage

Komplette Kapitel in **Fettdruck**

Schulbuch	Fokus Mathematik 7	Lambacher Schweizer 7
Verlag	Cornelsen	Klett
Test 1	1.2 Aufstellen und Interpretieren von Termen	I.3 Terme aufstellen und interpretieren
Test 2	2.1 Umformen von Produkten und Potenzen	II.2 Produkte mit Potenzen
Test 3	3.2 Grundkonstruktionen	III.3 Mittelsenkrechte, Winkelhalbierende und Lot
Test 4	3.4 Symmetrische Vierecke	III.5 Symmetrische Vierecke
Test 5	4.1 Zusammenhänge an Geraden- und Doppelkreuzungen	IV.2 Stufenwinkel und Wechselwinkel
Test 6	4.2 Winkelsumme im Dreieck und Vieleck	IV.3 Winkelsumme im Dreieck IV.4 Winkelsumme im Vieleck
Test 7	2.2 Umformen von Summen	II.3 Umformungen in Summen
Test 8	2.3 Ausmultiplizieren, Ausklammern 2.4 Binomische Formeln	II.5 Multiplizieren von Summen und binomischen Formeln
Test 9	5.2 Mit Kalkül zur Lösung	V.2 Äquivalente Gleichungsumformungen V.3 Systematisches Lösen linearer Gleichungen
Test 10	6.1 Vertiefung der Prozentrechnung	V.5 Die Grundgleichung der Prozentrechnung
Test 11	6.2 Daten darstellen und auswerten	V. **Kenngrößen von Daten**
Test 12	7.2 Kongruenzsätze für Dreiecke	VII.2 Kongruenz von Dreiecken
Test 13	9.1 Besondere Linien und Punkte im Dreieck	VII.7 Umkreis eines Dreiecks

Inhaltlicher Bezug der Schulaufgaben zu den Kapiteln der Schulbücher anderer Verlage

Komplette Kapitel in **Fettdruck**

Schulbuch	Fokus Mathematik 7	Lambacher Schweizer 7
Verlag	Cornelsen	Klett
Schulaufgabe 1	1. **Terme mit Variablen** 2.1 Umformen von Produkten und Potenzen 2.2 Umformen von Summen (erster gelber Kasten) 3. **Symmetrie von Figuren**	I. **Terme** II.1 Gleichwertige Terme II.2 Produkte mit Potenzen II.3 Umformungen in Summen (erster blauer Kasten) III. **Symmetrie**
Schulaufgabe2	1. **Terme mit Variablen** 2.1 Umformen von Produkten und Potenzen 2.2 Umformen von Summen (erster gelber Kasten) 3. **Symmetrie von Figuren** 4.1 Zusammenhänge an Geraden- und Doppelkreuzungen (erster gelber Kasten)	I. **Terme** II.1 Gleichwertige Terme II.2 Produkte mit Potenzen II.3 Umformungen in Summen (erster blauer Kasten) III. **Symmetrie** IV.1 Scheitelwinkel und Nebenwinkel
Schulaufgabe 3	4. **Winkelbetrachtungen an Figuren** 2.2 Umformen von Summen (zweiter gelber Kasten) 2.3 Ausmultiplizieren, Ausklammern (erster gelber Kasten)	IV. **Winkelbetrachtungen** II.3 Umformungen in Summen (zweiter blauer Kasten) II.4 Ausmultiplizieren und Faktorisieren
Schulaufgabe 4	4. **Winkelbetrachtungen an Figuren** 2. **Umformen von Termen** (ohne 2.1) 5.1 Durch Probieren und Überlegen zur Lösung	IV. **Winkelbetrachtungen** (ohne IV.I Scheitelwinkel und Nebenwinkel) II. **Termumformungen** (ohne II.1 und II.2) V.1 Gleichungen und Lösungen
Schulaufgabe 5	2. **Umformen von Termen** (ohne 2.1 und 2.2) 5. **Lineare Gleichungen** 6.1 Vertiefung der Prozentrechnung	II.5 Multiplizieren von Summen und binomischen Formeln V. **Gleichungen und Prozentrechnung**
Schulaufgabe 6	5.2 Mit Kalkül zur Lösung 6. **Prozentrechnung und Daten**	V. **Gleichungen und Prozentrechnung** (ohne V.1) VI. **Kenngrößen von Daten**
Schulaufgabe 7	6.2 Daten darstellen und auswerten 7. **Kongruente Dreiecke** 8. **Besondere Dreiecke**	6. **Prozentrechnung und Daten** VII. **Kongruenz und Dreiecke** (ohne VII.7 und VII.8)
Schulaufgabe 8	7. **Kongruente Dreiecke** 8. **Besondere Dreiecke** 9. **Konstruktionen**	VII. **Kongruenz und Dreiecke**

Inhaltlicher Bezug der Tests zu den Kapiteln von mathe.delta 7

Test 1	Test 3	Test 5	Test 7	Test 9	Test 11	Test 12
1.2 Aufstellen, Darstellen und Interpretieren von Termen	2.3 Weitere Grundkonstruktionen	3.2 Winkel an Doppelkreuzungen	4.1 Regeln zum Auflösen von Plus- und Minusklammern	5.2 Äquivalenzumformungen	6.2 Boxplots	7.2 Kongruenzsätze für Dreiecke
1 Term und Zahl	**2 Achsen- und punktsymmetrische Figuren**	**3 Winkelbetrachtungen an Figuren**	**4 Umformen von Termen**	**5 Lineare Gleichungen und Vertiefung der Prozentrechnung**	**6 Kenngrößen von Daten**	**7 Kongruenz, besondere Dreiecke und Dreieckskonstruktionen**
Test 2	**Test 4**	**Test 6**	**Test 8**	**Test 10**		**Test 13**
1.4 Umformen von Potenzen mit natürlichen Exponenten	2.5 Symmetrische Vierecke	3.3 Winkelsumme im Dreieck 3.4 Winkelsumme im Vieleck	4.4 Multiplizieren von Summen 4.5 Die binomischen Formeln	5.4 Vertiefung der Prozentrechnung		7.6 Mittelsenkrechte und Umkreis des Dreiecks

Inhaltlicher Bezug der Schulaufgaben zu den Kapiteln von mathe.delta 7

<table>
<tr><th colspan="2">Schulaufgabe 1</th><th colspan="3">Schulaufgabe 3</th><th colspan="3">Schulaufgabe 5</th><th colspan="2">Schulaufgabe 7</th><th></th></tr>
<tr><td colspan="2">1.1 – 2.5</td><td colspan="3">3.1 – 4.3</td><td colspan="3">4.4 – 5.4</td><td colspan="2">6.1 – 7.5</td><td></td></tr>
<tr><td>1 Term und Zahl</td><td>2 Achsen- und punktsymmetrische Figuren</td><td colspan="2">3 Winkelbetrachtungen an Figuren</td><td colspan="2">4 Umformen von Termen</td><td colspan="2">5 Lineare Gleichungen und Vertiefung der Prozentrechnung</td><td>6 Kenngrößen von Daten</td><td colspan="2">7 Kongruenz, besondere Dreiecke und Dreieckskonstruktionen</td></tr>
<tr><td colspan="3">1.1 – 3.1</td><td colspan="4">3.2 – 5.1</td><td colspan="2">5.2 – 6.2</td><td colspan="2">7.1 – 7.8</td></tr>
<tr><th colspan="3">Schulaufgabe 2</th><th colspan="4">Schulaufgabe 4</th><th colspan="2">Schulaufgabe 6</th><th colspan="2">Schulaufgabe 8</th></tr>
</table>

Möglicher Notenschlüssel für die Tests

Note	1	2	3	4	5	6
erreichte Punkte	15 – 13	12,5 – 10,5	10 – 8,5	8 – 6	5,5 – 3	2,5 – 0

Möglicher Notenschlüssel für die Schulaufgaben

Note	1	2	3	4	5	6
erreichte Punkte	30 – 25,5	25 – 21	20,5 – 16,5	16 – 12	11,5 – 6	5,5 – 0

Auswertung meiner Ergebnisse

Name	erreichte Punkte	Note	Datum	Auswertung: • Das kann ich wirklich gut! 🙂 • Das kann ich fast! 😐 • Das muss ich noch üben! 🙁
Test 1	________ von 15 Punkten			
Test 2	________ von 15 Punkten			
Test 3	________ von 15 Punkten			
Test 4	________ von 15 Punkten			
Test 5	________ von 15 Punkten			
Test 6	________ von 15 Punkten			
Test 7	________ von 15 Punkten			
Test 8	________ von 15 Punkten			
Test 9	________ von 15 Punkten			
Test 10	________ von 15 Punkten			
Test 11	________ von 15 Punkten			
Test 12	________ von 15 Punkten			
Test 13	________ von 15 Punkten			
Schulaufgabe 1	________ von 30 Punkten			
Schulaufgabe 2	________ von 30 Punkten			
Schulaufgabe 3	________ von 30 Punkten			
Schulaufgabe 4	________ von 30 Punkten			
Schulaufgabe 5	________ von 30 Punkten			
Schulaufgabe 6	________ von 30 Punkten			
Schulaufgabe 7	________ von 30 Punkten			
Schulaufgabe 8	________ von 30 Punkten			

Bildnachweis

Test 2
Marktstand: Getty Images Plus / iStockphoto, ali muhammad usman
Test 3
Windrad: Mauritius Images / imageBROKER, Günter Fischer
Test 5
Landebahn Flughafen Frankfurt: Stadtvermessungsamt Frankfurt am Main, Stand 2020, Hessische Verwaltung für Bodenmanagement und Geoinformation
Test 6
Jerusalem Karte: www.wikimedia.org
Test 10
Tasse mit Früchtetee: Mauritius Images / Alamy Stock Photo, Clynt Garnham Food & Drink
Test 12
See: Verlagsarchiv
Test 13
Steinkreis: Mauritius Images / Alamy Stock Photo, Godong
Schulaufgabe 1
Schild Rechts vorbei: pixabay / CopyrightFreePictures, traffic-sign
Schild Verbot für Kraftwagen: pixabay / CopyrightFreePictures, traffic-sign
Schild Ende der Vorfahrtsstraße: pixabay / CopyrightFreePictures, traffic-sign
Schild Kreisverkehr: pixabay / CopyrightFreePictures, traffic-sign
Schulaufgabe 2
Streichholzfiguren: Simon Weixler, Rohrbach
Sternförmiger Holzuntersetzer: Getty Images Plus / iStockphoto, Raluca Llie
Schulaufgabe 3
Stadtplan Manhattan: Alamy Vektorgrafik, Rainer Lesniewski
Münze 20 Cent: Mauritius Images / Alamy Stock Photo, Seen0001
Sechseckige Schachtel: Getty Images Plus / iStockphoto, umesh chandra
Schulaufgabe 4
Schild in einem Aufzug: AdobeStock / Vladislav Gaijc
Schulaufgabe 5
Anne Brendel, Kulmbach
Schulaufgabe 6
Sofa: Getty Images Plus / iStockphoto, WDnet
Oldtimer: Mauritius Images / Alamy Stock Photo, Wend Images
Schulaufgabe 7
Globus: Mauritius Images / By
Schulaufgabe 8
Schatzkarte: Verlagsarchiv

TEST 1

15 min

NAME: ______________________ KLASSE: ______ DATUM: ____________

INSGESAMT ERREICHTE PUNKTE: ______ / 15

Note:

THEMA: Aufstellen, Darstellen und Interpretieren von Termen

1 Stelle einen passenden Term auf. Erläutere die Bedeutung der Variablen und des Terms.

Verdoppelt man Isabells Alter und subtrahiert 3, so weiß man, wie alt Madeleine ist.

___ / 2

2 Gegeben ist ein rechtwinkliges Dreieck D.

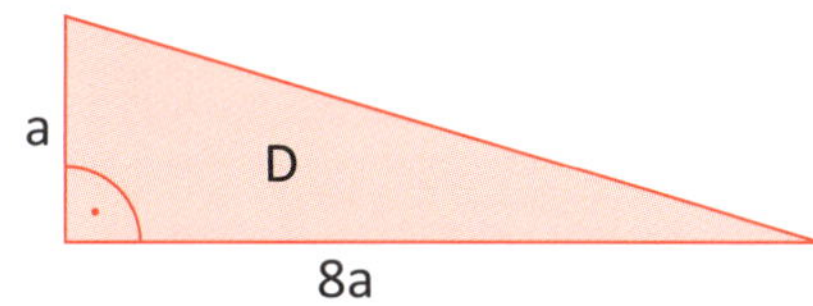

a) Gib an, was man mithilfe des Terms $T(a) = (8a \cdot a) : 2$ berechnen kann.

____

b) Ergänze die Tabelle und notiere deine Rechenschritte.

a	10	2		0,5
T (a)			4	

___ / 7

BITTE WENDEN!

3 Tom baut Türme aus gleich großen Würfeln.

1. Figur 2. Figur 3. Figur

a) Gib jeweils an, aus wie vielen Würfeln die angegebene Figur besteht.

4. Figur: ____________ 10. Figur: ____________

b) Stelle einen Term für die n-te ($n \in \mathbb{N}$) Figur auf.

c) Emil behauptet: „Wenn ich die Anzahl der Würfel in der untersten Reihe quadriere und eins subtrahiere, erhalte ich die Anzahl der für die Figur benötigten Würfel."
Entscheide und begründe, ob Emil Recht hat.

____ / 6

VIEL ERFOLG!

Test 2 ⏱ 20 min

Name: ______________________ Klasse: ______ Datum: ____________	Insgesamt erreichte Punkte:
Thema: Umformen von Potenzen mit natürlichen Exponenten	______ / 15
	Note:

1 a) Berechne den Wert des Terms $(-2^3)^2 - 2^{-1}$.

b) Schreibe den Term $\frac{a^4}{b^2 \cdot b^2}$ als eine Potenz.

___ / 5

2 Entscheide und begründe, ob Ida Recht hat.

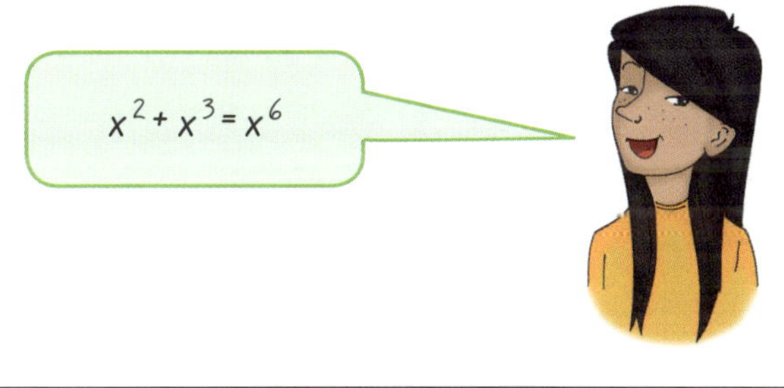

____

____

____

____

___ / 2

3 Kreuze jeweils an, ob die Aussage wahr oder falsch ist.

Aussage	wahr	falsch
Es gilt $5^8 : 5^2 = 5^4$.		
Es gilt $\frac{1}{121} = \left(\frac{1}{11}\right)^2$.		
Es gilt $9^3 \cdot 3^6 = 3^{12}$.		

___ / 2

Bitte wenden!

4 Elias verkauft das Obst und Gemüse seines Bio-Hofes jede Woche auf dem Markt. Bei der Gurkenernte werden x Gurken in einen Karton gelegt und x Kartons in eine Holzkiste verpackt. Ins Auto passen vier Stapel zu je drei Holzkisten. In einen Karton passen maximal 10 Gurken.

a) Stelle einen Term auf, mit dem die Anzahl der Gurken in Elias' Auto ermittelt werden kann. Vereinfache den Term so weit wie möglich.

b) Ermittle, wie viele Gurken in einem vollbeladenen Auto transportiert werden, wenn in jeden Karton acht Gurken verpackt wurden.

c) Elias behauptet am Ende eines Markttages, zu dem er mit der maximalen Anzahl an Gurken in seinem Auto gefahren ist, dass er mehr als 1000 Gurken verkauft hat.
Entscheide und begründe, ob er Recht hat.

____ / 6

VIEL ERFOLG!

TEST 3

20 min

NAME: ______________________ KLASSE: ______ DATUM: ____________

INSGESAMT ERREICHTE PUNKTE: ______ / 15

Note:

THEMA: Weitere Grundkonstruktionen

1 Auf der Kirchleuser Platte soll eine neue Windkraftanlage entstehen. Um alle nötigen Bauteile dorthin transportieren zu können, muss ein Schotterweg gebaut werden. Dieser soll eine möglichst kurze Verbindung zur Landstraße bilden.

a) Konstruiere diese Verbindungsstrecke. Beschrifte deine Konstruktion und beschreibe dein Vorgehen.

×W

Landstraße

Beschreibung:

____

____

____

____

____

b) Die Zeichnung aus Teilaufgabe a) besitzt den Maßstab 1 : 10 000. Gib an, wie lang der Schotterweg in Wirklichkeit ist.

___ / 9

BITTE WENDEN!

2 Entscheide und begründe, ob Asra Recht hat.

Ich kann einen 112,5°-Winkel konstruieren.

___/ 2

3 a) Bestimme durch Konstruktion alle Punkte, die von den Halbgeraden g und h denselben Abstand besitzen.

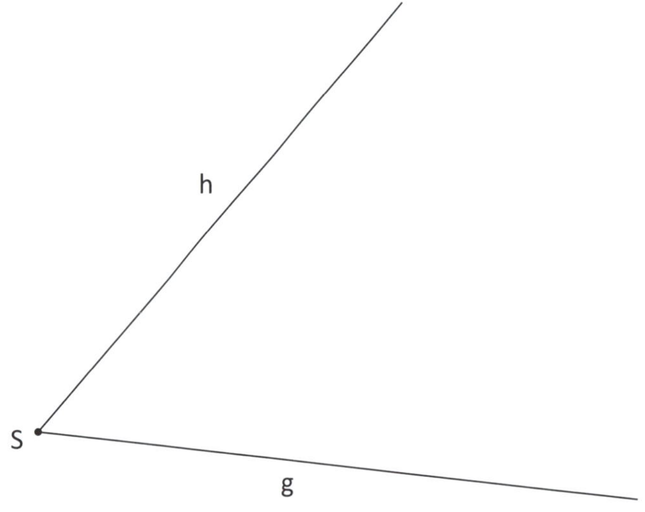

b) Markiere alle Punkte, die von den Halbgeraden g und h denselben Abstand besitzen und gleichzeitig vom Punkt S höchstens 2 cm entfernt sind.

___/ 4

VIEL ERFOLG!

Test 4 — 20 min

Name: ______________________ Klasse: ______ Datum: ____________

Thema: Symmetrische Vierecke

Insgesamt erreichte Punkte: ______ / 15

Note:

1 a) Notiere den Namen des Vierecks und gib drei seiner Eigenschaften an.

b) Formuliere zu Toms Aussage die Umkehrung und beurteile die Umkehrung auf ihre Richtigkeit.

Jedes Quadrat ist eine Raute.

____

____

____

____

___ / 5

2 Entscheide und begründe, ob sich mit dem Steckbrief ein Viereck eindeutig identifizieren lässt.

WANTED

*****

genau zwei Symmetrieachsen

zwei Paare gleich langer Seiten

die Diagonalen stehen senkrecht aufeinander

____

____

____

____

____

____

____

___ / 2

Bitte wenden!

3 a) Trage die Punkte A (–4 | –1), C (2 | 5), D (–3 | 2) in das Koordinatensystem ein.

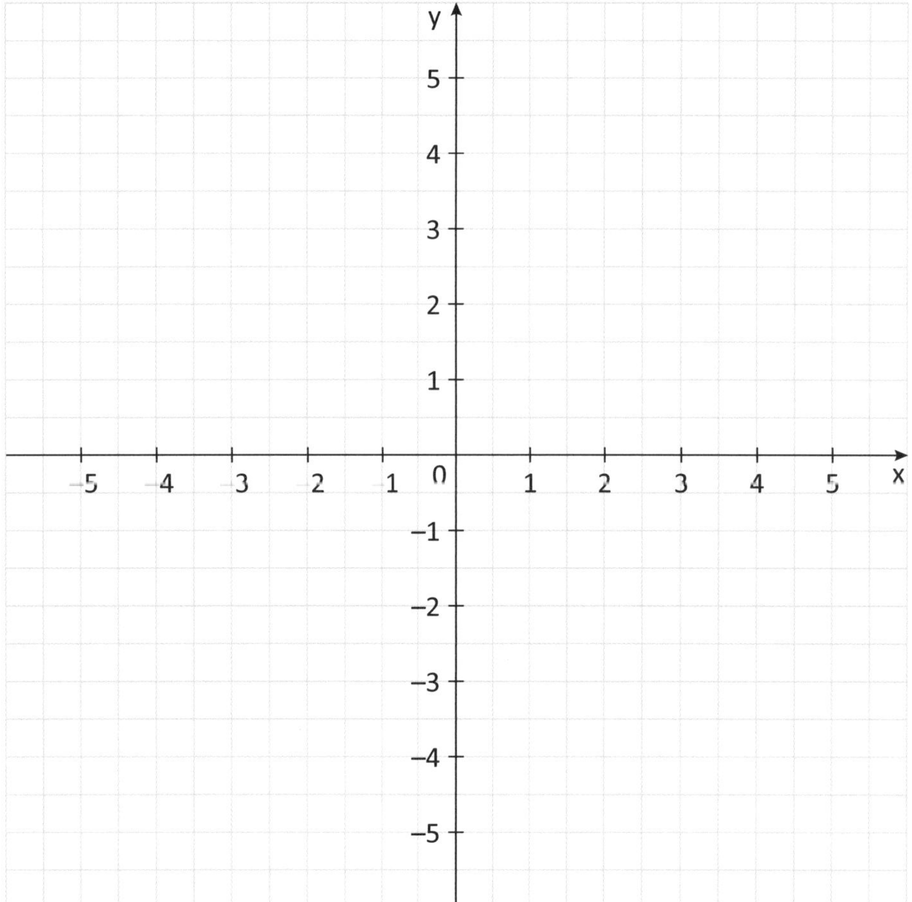

b) Konstruiere den Punkt B so, dass ABCD ein Parallelogramm ist, und zeichne das Parallelogramm ins Koordinatensystem ein.

c) Zeichne das Symmetriezentrum S des Parallelogramms ins Koordinatensystem ein. Gib die Koordinaten von S an und beschreibe dein Vorgehen.

____

____

____

____

d) Kreuze diejenige Formel an, mit der man den Flächeninhalt A_{ABCD} des Parallelogramms berechnen kann.

☐ $A_{ABCD} = |\overline{AD}| \cdot |\overline{AB}|$ ☐ $A_{ABCD} = \frac{1}{2}|\overline{AC}| \cdot |\overline{BD}|$ ☐ $A_{ABCD} = |\overline{AB}| \cdot h_{\overline{AB}}$

___ / 8

Viel Erfolg!

TEST 5 — 20 min

NAME: ____________ KLASSE: ____ DATUM: ________	INSGESAMT ERREICHTE PUNKTE: ____ / 15
THEMA: Winkel an Doppelkreuzungen	Note:

1 Die Geraden g und h sind zueinander parallel. Berechne die Größen aller eingezeichneten Winkel und begründe deine Rechenschritte. Benenne noch nicht bezeichnete Winkel, die du verwendest, in der Abbildung.

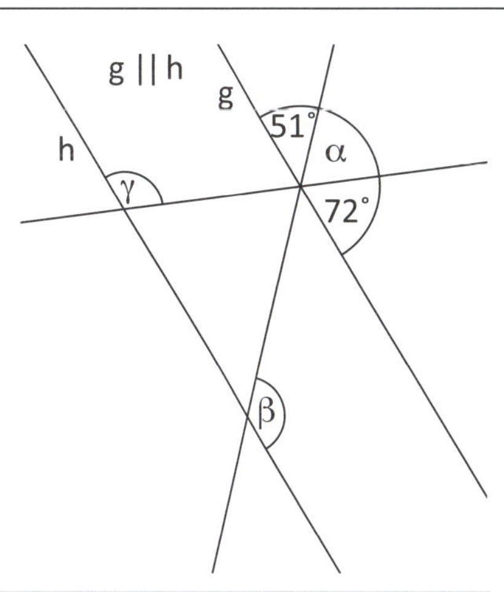

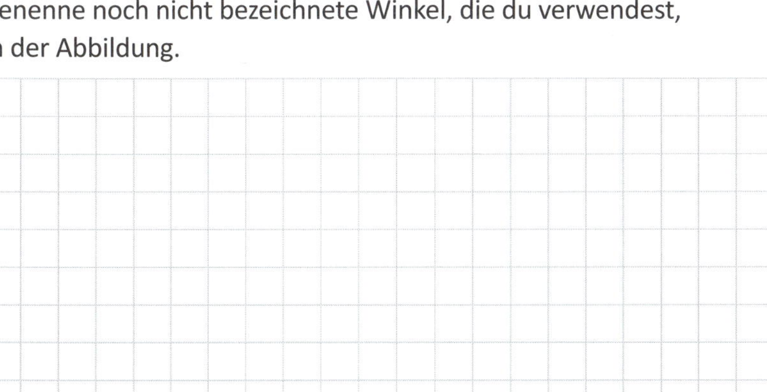

___ / 6

2 Begründe, dass die beiden Landebahnen g und h auf dem Frankfurter Flughafen annähernd parallel verlaufen.

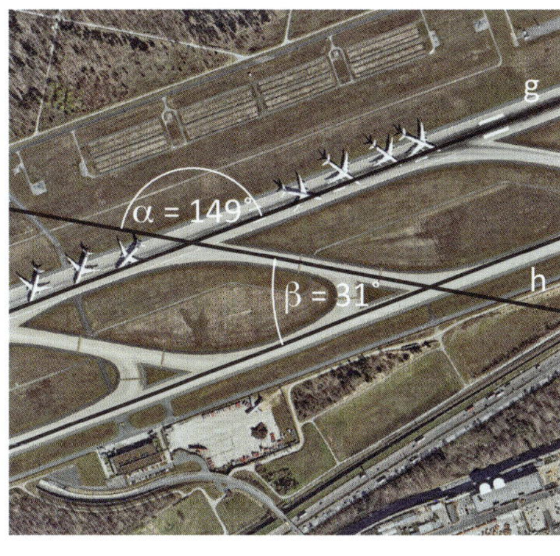

___ / 3

BITTE WENDEN!

3 Gegeben ist ein gleichschenkliges Trapez ABCD. Für die Größe des Winkels bei A gilt $\alpha = 56{,}5°$.
Berechne mithilfe einer aussagekräftigen Skizze die Größen der fehlenden Innenwinkel β, γ und δ.
Begründe dein Vorgehen.

___ / 6

VIEL ERFOLG!

TEST 6

20 min

NAME: ______________________ KLASSE: ______ DATUM: ____________

THEMA: Winkelsumme im Dreieck
Winkelsumme im Vieleck

INSGESAMT ERREICHTE PUNKTE:

______ / 15

Note:

1 Berechne jeweils nachvollziehbar die Größen der fehlenden Innenwinkel.

a) Es gilt $\alpha = \beta$.

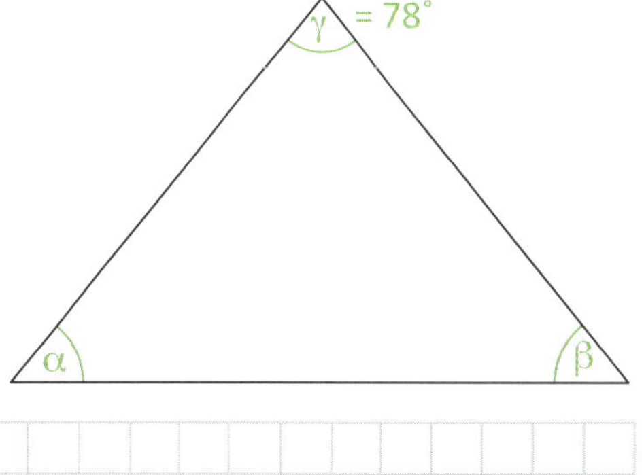

b)

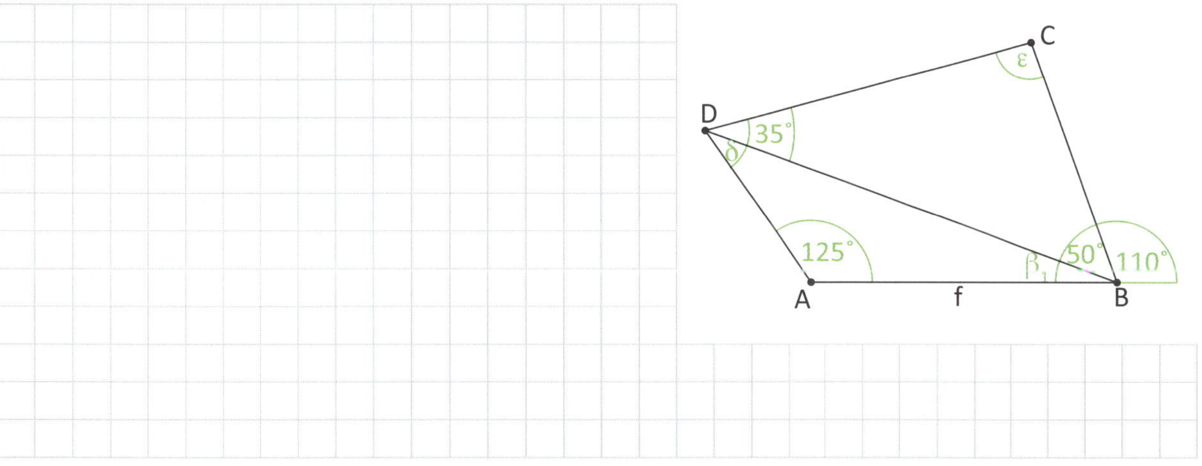

___ / 6

2

Es gibt Vierecke, die vier spitze Innenwinkel besitzen.

Entscheide und begründe, ob Lea Recht hat.

____

____

____

___ / 2

BITTE WENDEN!

3 Berechne die Innenwinkelsumme eines Achtecks.

___ / 2

4 Aus dem 12. Jahrhundert existiert eine Karte der Stadt Jerusalem (vgl. Abbildung). Das Pergament, auf dem die Karte gemalt ist, besitzt in Wirklichkeit eine Breite von 23,5 cm.

a) Beschreibe, wie du den Maßstab berechnen kannst, in dem die Karte hier abgedruckt wurde.

b) Chris hat in die Karte den Verlauf der Stadtmauer eingezeichnet und die Winkel gemessen. Erläutere, weshalb Chris die Fläche, die von der Stadtmauer umgeben wird, mithilfe der Formel $A = a \cdot h_a$ näherungsweise berechnen kann.

___ / 5

Viel Erfolg!

TEST 7

20 min

NAME: ______________________ KLASSE: ______ DATUM: ____________

INSGESAMT ERREICHTE PUNKTE:

______ / 15

Note:

THEMA: Regeln zum Auflösen von Plus- und Minusklammern

1 a) Markiere die Fehler, die Milo gemacht hat, und berichtige seine Rechnung.

b) Vereinfache den Term $3a^2 \cdot a^{-1} - [(12a - 8) - (5a + 7)]$ möglichst weitgehend.

c) Bestimme das Termglied, das für den Platzhalter stehen muss, damit eine wahre Aussage entsteht.

$\square - (17a - 3) + 6a = -11a + 1$

___ / 7

BITTE WENDEN!

2 Um den Überblick über ihr Taschengeld zu behalten, hat Leonie begonnen, die Einnahmen und Ausgaben in einem Tabellenkalkulationsprogramm zu notieren.

	A	B	C
1		**Einnahmen**	**Ausgaben**
2	Bestand	32,50 €	
3	Buchladen		9,90 €
4	Eisessen		2,50 €
5	Geschenk von Oma	15 €	
6	App-Store		6,80 €
7			

a) Entscheide und begründe, ob Leonie seit Beginn ihrer Liste Taschengeld angespart hat.

b) Beschreibe, was Leonie mit dem folgenden Term berechnen kann.
47,50 € - (9,90 € + 2,50 € + 6,80 €)

c) Erkläre, weshalb es in Teilaufgabe b) nicht vorteilhaft wäre, zuerst die Minusklammer aufzulösen.

___ / 5

3 Schreibe als Term und vereinfache.
Subtrahiere die Summe aus $16a^2$ und 19a vom Dreifachen des ersten Summanden.

___ / 3

VIEL ERFOLG!

TEST 8

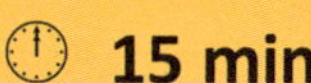

NAME: ______________________ KLASSE: ______ DATUM: __________

THEMA: Multiplizieren von Summen
Die binomischen Formeln

INSGESAMT ERREICHTE PUNKTE:

______ / 15

Note:

1 a) Verwandle jeweils in eine Summe und gib die verwendete binomische Formel an.

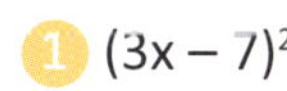

2 $(x - 0{,}5) \cdot (x + 0{,}5)$

b) Gib jeweils die fehlenden Termglieder an, so dass eine wahre Aussage entsteht.

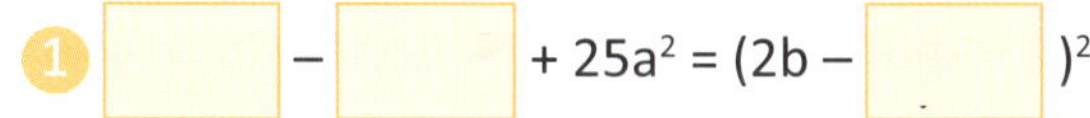

2 $(\square + 4)^2 = \square + 20x + \square$

___ / 8

BITTE WENDEN!

2 Familie Lehner kauft das dreieckige Nachbargrundstück, um ihr eigenes rechteckiges Grundstück zu vergrößern.
Die Abbildung ist nicht maßstäblich. Die Terme geben die Maßzahlen in Meter an.

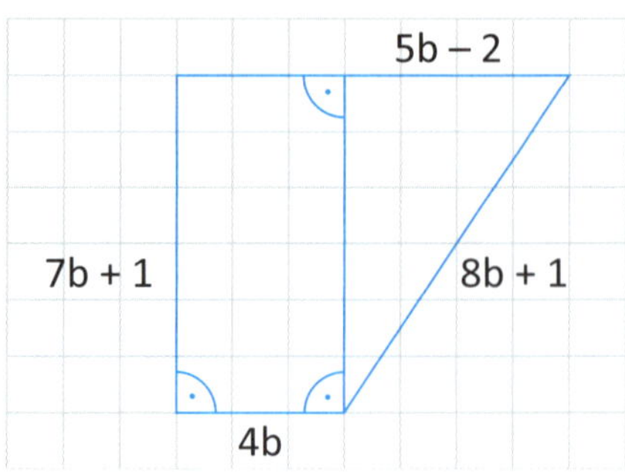

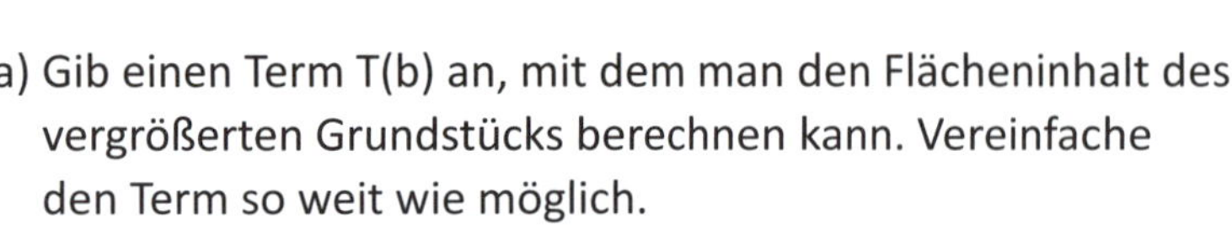

a) Gib einen Term T(b) an, mit dem man den Flächeninhalt des vergrößerten Grundstücks berechnen kann. Vereinfache den Term so weit wie möglich.

b) Die Familie will das vergrößerte Grundstück mit einem neuen, einheitlichen Gartenzaun versehen. Die 4 m breite Einfahrt erhält ein Gartentor.
Entscheide und begründe, mit welchem Term man die Länge des Gartenzauns berechnen kann.

1. $2 \cdot [(7b + 1) + 4b] + (5b - 2) + (8b + 1) - 4$
2. $2 \cdot 4b + (7b + 1) + (5b - 2) + (8b + 1) - 4$
3. $(7b + 1) + 2 \cdot 4b + (5b - 2) + (8b + 1)$

____

____

____

____

____

____ / 7

VIEL ERFOLG!

Test 9 — 20 min

NAME: ______________ KLASSE: ______ DATUM: ______________

INSGESAMT ERREICHTE PUNKTE: ______ / 15

Note:

THEMA: Äquivalenzumformungen

1 Die Waagen sind alle im Gleichgewicht. Gib für jede Waage eine passende Gleichung an und beschreibe die durchgeführten Äquivalenzumformungen von (1) nach (3).

___ / 3

2 Markiere die beiden Fehler, die Ben gemacht hat, und korrigiere seine Lösung.

$3 \cdot (x + 4) = 0{,}5x - 10$

$3x + 8 = 0{,}5x - 10$

$2{,}5x = -2$

$x = -0{,}8$

$L = \{-0{,}8\}$

___ / 4

BITTE WENDEN!

3

Für die Gleichung $7x = 45$ ist die Lösungsmenge über der Grundmenge $G = \mathbb{N}$ leer.

Entscheide und begründe, ob Paul Recht hat.

___ / 2

4 Kreuze alle Gleichungen an, die über der Grundmenge $G = \mathbb{Q}$ die Lösungsmenge $L = \{1{,}5\}$ besitzen.

☐ $\frac{2}{3}x = 0{,}5$	☐ $2x - 1 = -2$	☐ $7 - 4x = -1$	☐ $-\frac{2}{3}x = -1$
☐ $14 = 8x$	☐ $2x + 1{,}5 = 4{,}5$	☐ $18 : x = 14$	☐ $-5x + 7{,}5 = 0$

___ / 2

5 Bestimme die Lösungsmenge der Gleichung über der Grundmenge $G = \mathbb{Q}$.

$\frac{3x - 5}{4} = -2x + 7$

___ / 4

Viel Erfolg!

Test 10 — 20 min

NAME: ______________________ KLASSE: _____ DATUM: ___________

INSGESAMT ERREICHTE PUNKTE: _____ / 15

Note:

THEMA: Vertiefung der Prozentrechnung

1 Matteos Vater hat jeweils 10 000 € in zwei Geldanlagen investiert. Gib jeweils den Wachstums- bzw. Abnahmefaktor an und berechne die aktuellen Werte der Geldanlagen.

a) Die Geldanlage „grüner Strom" hat im letzten Jahr ihren Wert um 14 % steigern können.

b) Die Geldanlage „Immobilien-Invest" hat im letzten Jahr ein Zwanzigstel ihres Werts verloren.

___ / 3

2 Ein Monitor ist in einem Elektromarkt mit einem Bruttopreis von 119 € ausgezeichnet. Dieser beinhaltet 19 % Mehrwertsteuer. In einer Werbeaktion verspricht der Markt, auf die Mehrwertsteuer zu verzichten.
Erkläre, warum Verbraucherzentralen darauf hinweisen, dass die Erstattung der Mehrwertsteuer nicht einem Preisnachlass von 19 % auf den Bruttopreis entspricht.

___ / 4

BITTE WENDEN!

3 Der Anteil von Bio-Lebensmitteln am Lebensmittelumsatz steigt in Deutschland kontinuierlich.

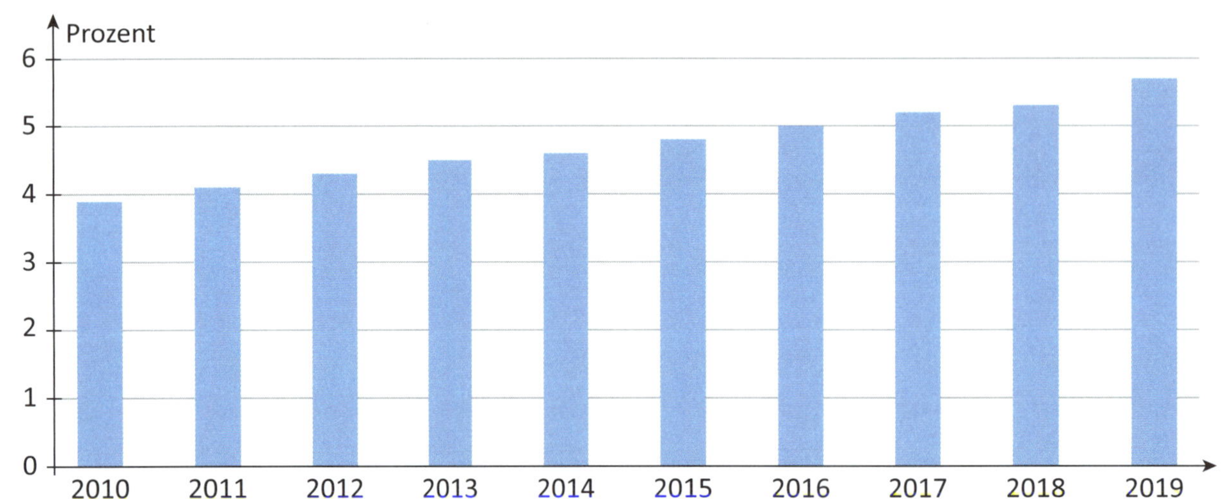

a) Kreuze jeweils an, ob die Aussage richtig oder falsch ist bzw. ob eine Entscheidung aufgrund der Daten nicht möglich ist.

Aussage	richtig	falsch	keine Entscheidung möglich
Im Jahr 2016 betrug der Anteil der Bio-Lebensmittel am Lebensmittelumsatz 5 %.	☐	☐	☐
Seit dem Jahr 2010 hat sich der Anteil der Bio-Lebensmittel am Lebensmittelumsatz verdoppelt.	☐	☐	☐
Mit Bio-Lebensmitteln wurde 2011 ein Umsatz von 4,2 Milliarden Euro erwirtschaftet.	☐	☐	☐
Der Anteil an Bio-Lebensmitteln zeigt von 2018 nach 2019 den größten Anstieg.	☐	☐	☐

b) Frau Müller ist Filialleiterin eines großen Bio-Marktes. Sie hat im letzten Jahr einen Umsatz von 800 000 € erzielt. Dies ist eine Umsatzsteigerung von 40 000 €. Berechne die Umsatzsteigerung in Prozent.

c) Mit der Stammkundenkarte erhält man im Bio-Markt von Frau Müller 2 % Rabatt. Aufgrund einer schlechten Ernte verteuert sich der Bio-Früchtetee um 15 %. Berechne, wie viel Mila als Stammkundin für zwei Packungen bezahlt.

___ / 8

Viel Erfolg!

TEST 11

15 min

NAME: ____________________ KLASSE: ______ DATUM: ____________	INSGESAMT ERREICHTE PUNKTE: ______ / 15
THEMA: Boxplots	Note:

1 a) Vervollständige die Tabelle und zeichne einen zugehörigen Boxplot.

Minimum	Maximum	Spannweite	Median	unteres Quartil	oberes Quartil
	12	10	8	4	9

b) Bestimme aus den gegebenen Daten die notwendigen Kennwerte, um einen Boxplot zeichnen zu können. Eine Zeichnung ist nicht erforderlich.

5; 12; 3; 6; 11; 4; 5; 7; 15; 8; 10; 9

___ / 7

BITTE WENDEN!

2 Lottas Opa spielt jede Woche Lotto. Dabei führt er eine Statistik, welche Superzahl von 0 bis 9 jeweils gezogen wird. 2020 gab es 105 Lottoziehungen. Die Ergebnisse sind in der Abbildung dargestellt.

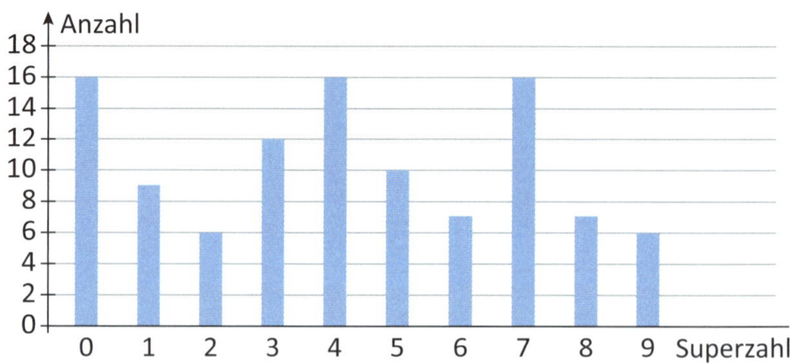

a) Entscheide und begründe, welcher der Boxplots zum Diagramm gehört.

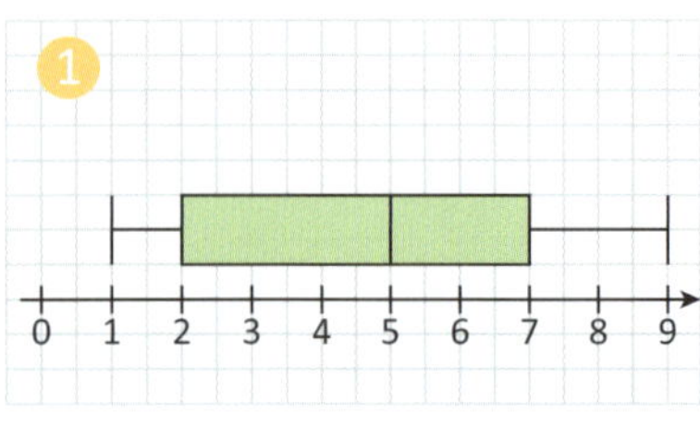

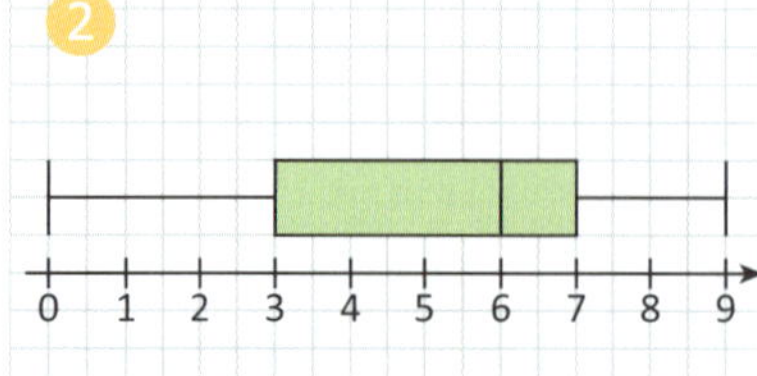

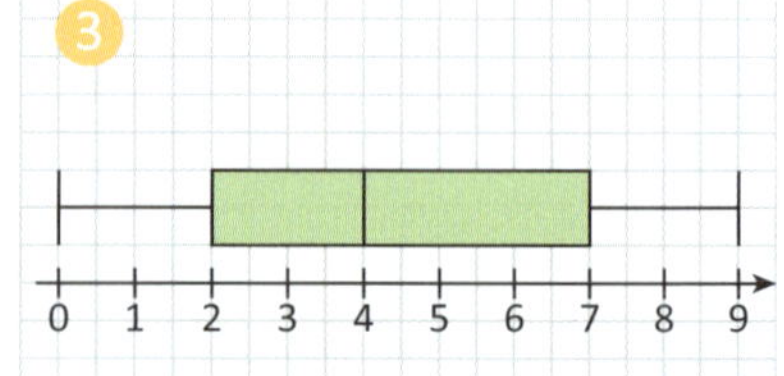

b) Entscheide und begründe jeweils, ob die Aussage richtig ist.

1 Ungefähr ein Viertel der gezogenen Superzahlen war kleiner als 3 oder gleich 3.

2 Die mittleren 50 % liegen in Boxplot 2 dichter um den Median als in Boxplot 3.

___ / 8

Viel Erfolg!

TEST 12

20 min

NAME: ______________________ KLASSE: ______ DATUM: ____________

INSGESAMT ERREICHTE PUNKTE: ______ / 15

Note:

THEMA: Kongruenzsätze für Dreiecke

1 Entscheide und begründe jeweils, ob ein Dreieck mit den gegebenen Bestimmungsstücken konstruierbar ist.

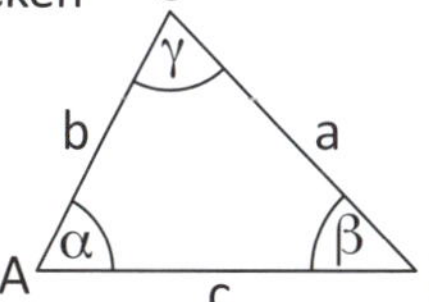

a) 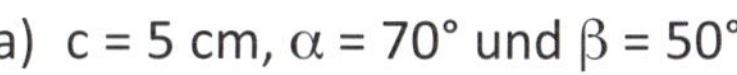 $c = 5$ cm, $\alpha = 70°$ und $\beta = 50°$

____

____

____

b) $a = 4{,}1$ cm, $b = 8{,}6$ cm und $c = 3{,}9$ cm

____

____

____

___ / 3

2 Gegeben sind die Bestimmungsstücke $a = 6$ cm, $c = 5$ cm und $\alpha = 60°$ eines Dreiecks ABC.

a) Trage die gegebenen Stücke farbig in die Planfigur ein und vervollständige den Satz.

Das Dreieck ist nach dem ____________ -Satz eindeutig konstruierbar.

b) Konstruiere das Dreieck ABC und beschreibe deine Vorgehensweise.

___ / 8

BITTE WENDEN!

3 Kayan sieht von einem Aussichtspunkt C aus die beiden Anlegestellen A und B einer Fähre unter einem Winkel von 55°.

Beschreibe, wie Kayan die Länge der Strecke s, die die Fähre auf dem See zurücklegt, durch eine Zeichnung näherungsweise bestimmen kann. Gib einen geeigneten Maßstab an, in dem Kayan seine Zeichnung anfertigen sollte.

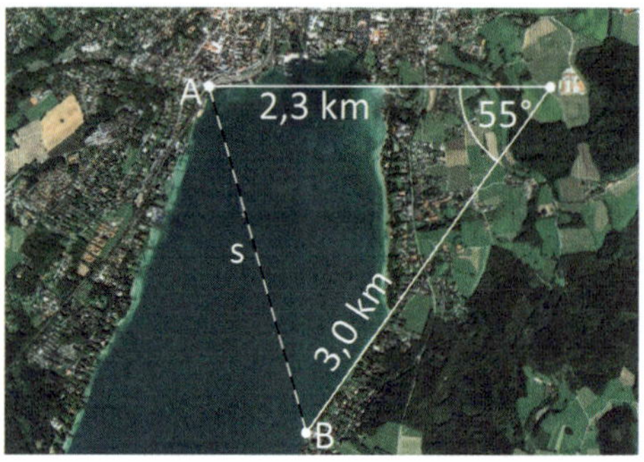

A
2,3 km
55°
s
3,0 km
B

___ / 4

VIEL ERFOLG!

Test 13 ⏱ 20 min

NAME: ______________________ KLASSE: _____ DATUM: __________	INSGESAMT ERREICHTE PUNKTE:
THEMA: Mittelsenkrechte und Umkreis des Dreiecks	_____ / 15
	Note:

1 Von einem Dreieck ABC sind die Bestimmungsstücke $b = 4{,}5$ cm und $\gamma = 75°$ sowie der Radius $r = 4$ cm des Umkreises gegeben.

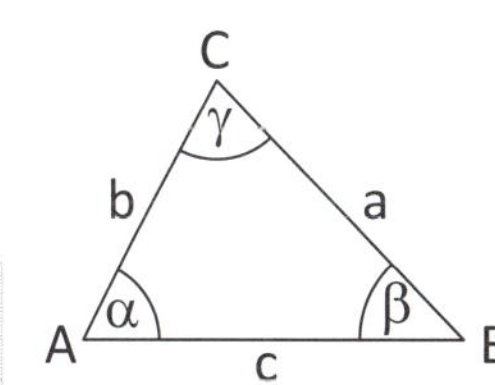

a) Konstruiere das Dreieck ABC und beschreibe die Konstruktionsschritte.

b) Gib die Art des Dreiecks an.

____

___ / 7

2

Entscheide und begründe, ob Alexander Recht hat

____

____

____

___ / 2

BITTE WENDEN!

3 In Irland wurden Fragmente eines keltischen Steinkreises gefunden.

a) Konstruiere den Mittelpunkt des Steinkreises mithilfe der drei Steine S_1, S_2 und S_3 und zeichne die Kreislinie ein, auf der die Steine standen.

× S_3

S_1×

× S_2

b) Gib den Durchmesser des Steinkreises in Metern an, wenn die Zeichnung im Maßstab 1 : 100 angefertigt wurde.

____

___ / 6

Viel Erfolg!

Schulaufgabe 1

40 min

NAME: ______________________	KLASSE: ______	DATUM: ____________	INSGESAMT ERREICHTE PUNKTE: ______ / 30
THEMA: Term und Zahl Achsen- und punktsymmetrische Figuren			Note:

1

a) Setze die Reihe um zwei Schritte fort.

b) Stelle einen Term auf, der die Anzahl der Punkte beim n-ten Muster angibt, und berechne damit die Punktzahl im 13. Schritt.

___ / 5

2 Vereinfache den Term jeweils so weit wie möglich.

a) $T(x) = 1{,}5x^2 - 2x + \frac{5}{2}x^2 - 1{,}4x - 3\frac{1}{4}x^2$

b) $T(a) = \left(\frac{a}{3}\right)^2 + \frac{5}{9}(-a)^2 - \left(\frac{1}{a^2}\right)^{-1}$

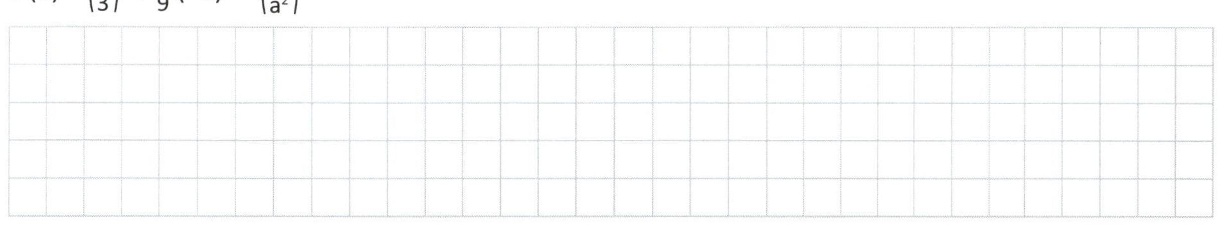

___ / 5

3 Entscheide und begründe, ob Favio Recht hat.

___ / 2

4 Besa möchte mithilfe eines 3-D-Druckers ihre Hausnummer drucken. Die nicht maßstäbliche Abbildung zeigt die Einerstelle null. Besa hat einen Term zur Berechnung des Oberflächeninhalts der Ziffer aufgestellt. Berichtige Besas Term und vereinfache ihn so weit wie möglich.

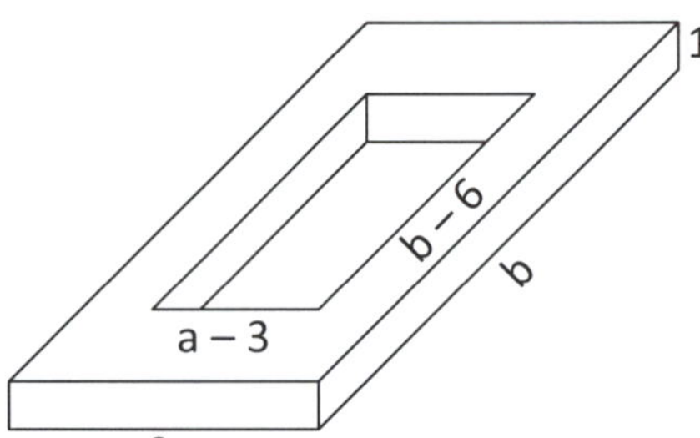

$O_{null}(a; b) = 2 \cdot [a + b + a \cdot b + (a - 3)(b - 6) + (a - 3) + (b - 6)]$

___ / 5

5 Kreuze diejenigen Verkehrsschilder an, die achsensymmetrisch sind, und zeichne bei den achsensymmetrischen Verkehrsschildern die Symmetrieachse(n) ein.

Rechts vorbei

Verbot für Kraftwagen

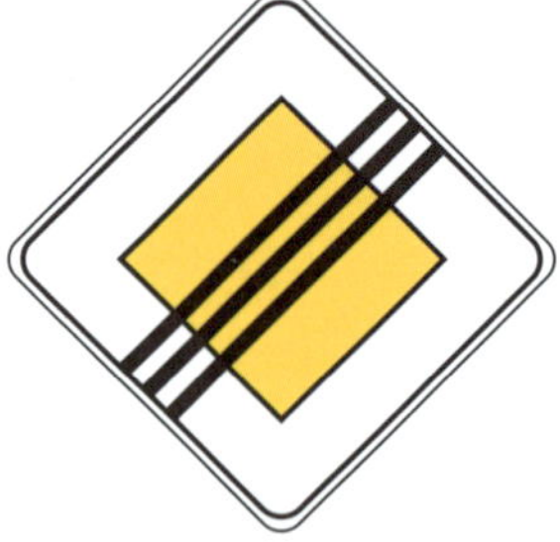

Ende der Vorfahrtsstraße

Kreisverkehr

___ / 3

6 a) Der Punkt P wurde durch Spiegelung an der Geraden s auf den Punkt P' abgebildet. Konstruiere mit Zirkel und Lineal die Gerade s.

• P'

P •

b) Konstruiere mit Zirkel und Lineal die Winkelhalbierende des Winkels α.

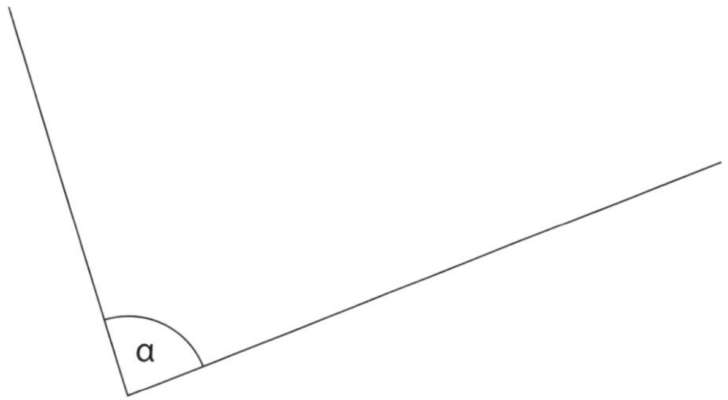

___ / 4

7 Von einem Parallelogramm sind die Punkte A (–3 | –0,5), B (1 | –3,5) und D (1 | 1,5) gegeben.

a) Trage die Punkte in das Koordinatensystem ein. Konstruiere den Eckpunkt C des Parallelogramms mithilfe des Symmetriezentrums.

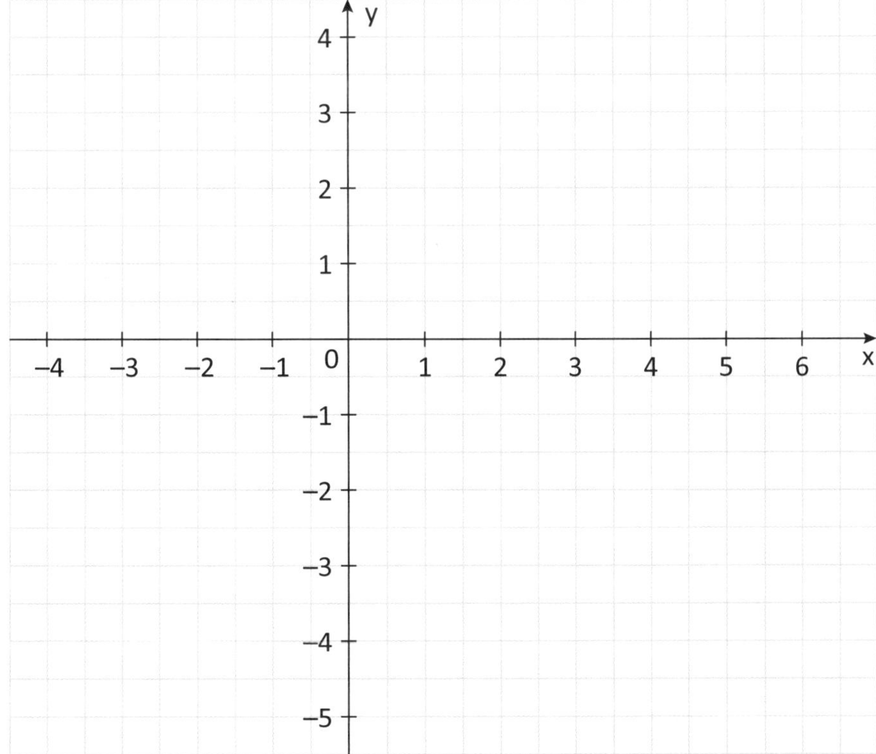

b) Berechne den Flächeninhalt des Parallelogramms ABCD. Miss die dazu notwendigen Längen.

___ / 6

VIEL ERFOLG!

Schulaufgabe 2

45 min

Name: ______________________ Klasse: ______ Datum: ____________	Insgesamt erreichte Punkte:
Thema: Term und Zahl / Achsen- und punktsymmetrische Figuren / Winkel an einer Geradenkreuzung	______ / 30
	Note:

1 Kreuze an, welcher Term die Aussage richtig beschreibt.

a) Die Summe aus dem 2,5-Fachen einer Zahl und 2,5.

☐ $T(x) = 2{,}5 \cdot (x + 2{,}5)$ ☐ $T(x) = 2{,}5 \cdot x + 2{,}5$ ☐ $T(x) = (2{,}5 + x) + 2{,}5$ ☐ $T(x) = 2{,}5 \cdot x - 2{,}5$

b) Ein Viertel der Differenz mit dem Subtrahenden 4 und dem Minuenden einer Zahl.

☐ $T(x) = 0{,}25 \cdot (x - 4)$ ☐ $T(x) = 0{,}25 \cdot x - 4$ ☐ $T(x) = 0{,}25 \cdot (4 - x)$ ☐ $T(x) = (x - 4) : 0{,}25$

___ / 1

2 Mit Streichhölzern lässt sich ein Zaun legen.

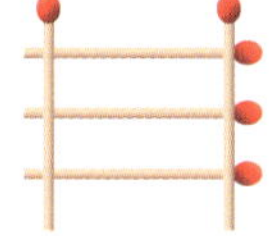
1 Element

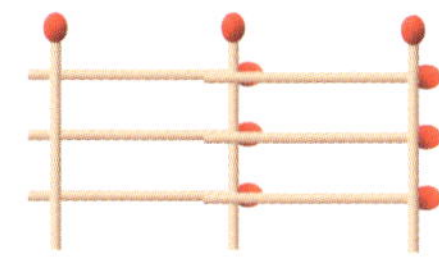
2 Elemente

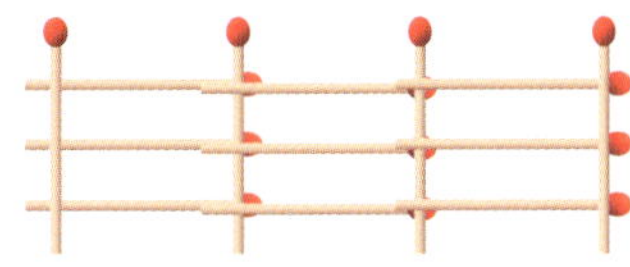
3 Elemente

a) Gib an, wie viele Streichhölzer für das vierte Element benötigt werden. ____________________

b) Stelle einen Term auf, der die Anzahl der benötigten Streichhölzer für den Zaun in Abhängigkeit von der Anzahl x ($x \in \mathbb{N}$) der Elemente angibt, und berechne damit die Anzahl der Streichhölzer für das 555. Element.

c) Entscheide und begründe, ob Sven Recht hat.

____

____

____

____

___ / 7

3 Vereinfache die Terme so weit wie möglich.

a) $T(x) = -\frac{3}{8}x^2 : \left(-\frac{9}{16}x\right)$

b) $T(x) = (4x^3)^2 - \frac{4}{x^{-6}} - (3x^2)^3$

___ / 6

4 Ergänze die unvollständige Figur so, dass sie ...

a) ... genau eine Symmetriechachse besitzt. b) ... genau zwei Symmetrieachsen besitzt.

Zeichne in Teilaufgabe a) und Teilfaufgabe b) jeweils die Symmetrieachse(n) farbig ein.

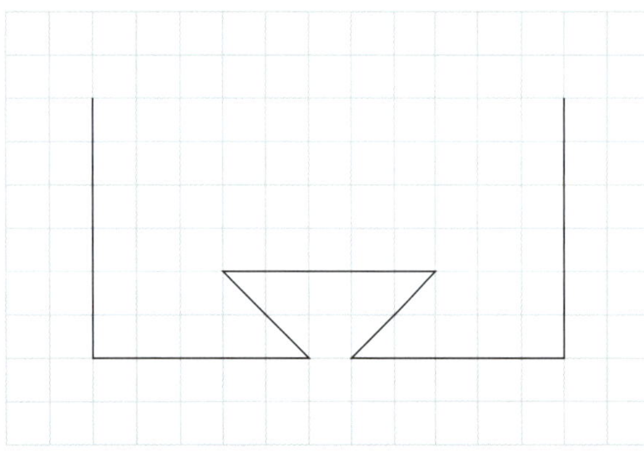

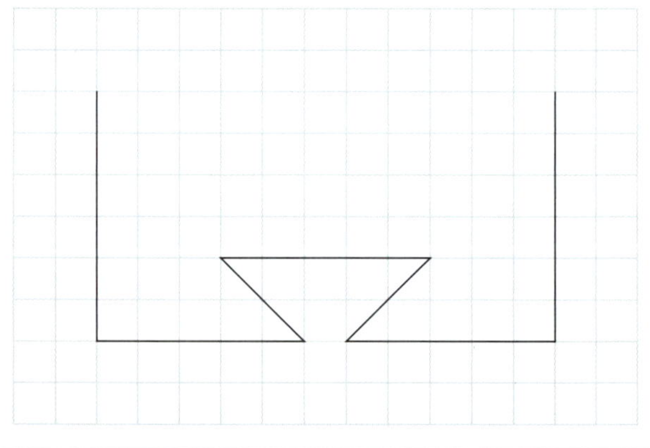

___ / 3

5 Spiegle mithilfe des Geodreiecks den Punkt P an der Geraden s und zeichne einen Fixpunkt zur Symmetrieachse s ein.

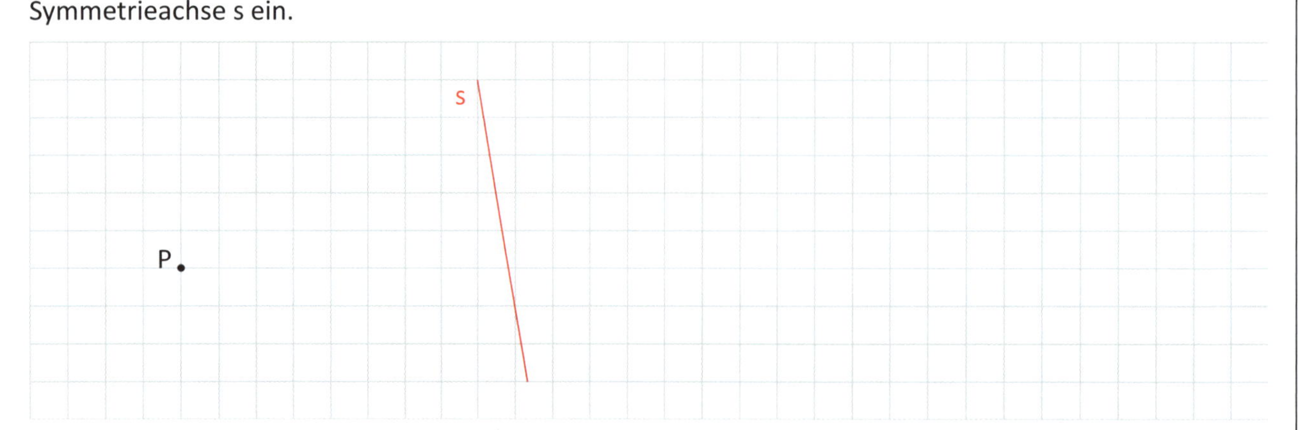

___ / 2

6 a) Marie soll nur mithilfe von Zirkel und Lineal eine Senkrechte s zu einer Geraden g durch einen Punkt P, der nicht auf der Geraden g liegt, konstruieren. Beschreibe ein mögliches Vorgehen.

___

___

___

___

b) Konstruiere nur mithilfe von Zirkel und Lineal einen Winkel der Größe 120°.
Dein Vorgehen muss nachvollziehbar sein.

___ / 6

7 Der Stern ist aus Vierecken zusammengesetzt. Benenne die Art des besonderen Vierecks und gib drei Eigenschaften dieser Vierecksart an.

___

___

___

___

___

___ / 2

8 Bestimme rechnerisch, für welche Größe von β der Winkel α viermal so groß ist wie β.

α

β

S

___ / 3

VIEL ERFOLG!

Schulaufgabe 3

40 min

Name: ______________________	Klasse: _____	Datum: __________	Insgesamt erreichte Punkte: _____ / 30
Thema: Winkelbetrachtungen an Figuren / Regeln zum Auflösen von Plus- und Minusklammern / Multiplizieren von Summen mit einer Variablen / Ausklammern			Note:

1 a) Ergänze in der Zeichnung jeweils ein Beispiel für die folgenden Winkel und gib ihre Größe an, wenn α – 75° gilt.

1. β ist ein Nebenwinkel zu α.

   β = ______________________________

2. γ ist ein Stufenwinkel zu α.

   γ = ______________________________

3. δ ist ein Wechselwinkel zu α.

   δ = ______________________________

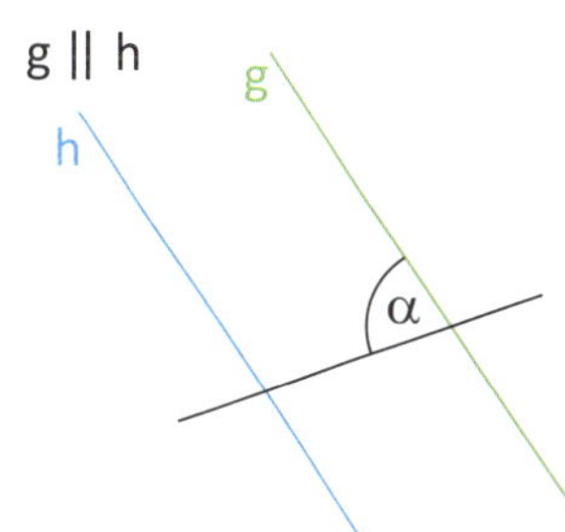

b) Entscheide und begründe, ohne zu messen, ob die 47. und die 48. Straße des Stadtteils Manhattan in New York annähernd parallel verlaufen, wenn $\beta = 180° - \alpha$ gilt.

____

____

____

____

____

____

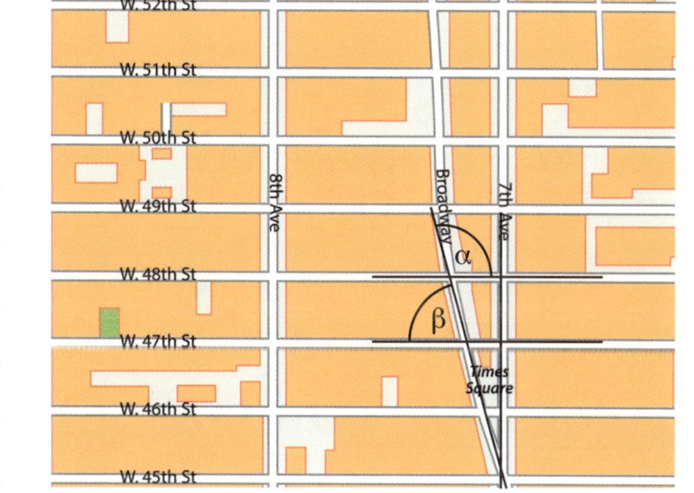

c) Ermittle rechnerisch die Größen aller Innenwinkel des Dreiecks ABC, wenn bekannt ist, dass $\alpha = \frac{1}{2}\beta$ und $\gamma = 3\beta$ gilt.

___ / 9

2 Alle Euromünzen mit Ausnahme der 20-Cent-Münze sind rund.
Die 20-Cent-Münze besitzt dagegen sieben Einkerbungen. Verbindet man diese, so erhält man ein regelmäßiges Siebeneck.

a) Berechne die Winkelsumme im regelmäßigen Siebeneck.

b) Gib die besondere Art der sieben Dreiecke an, in die man das regelmäßige Siebeneck zerlegen kann, und berechne die Größe aller seiner Innenwinkel auf eine Dezimale gerundet. Begründe dein Vorgehen.

___ / 7

3 a) Vereinfache den Term $T(x; y) = \frac{3}{4}y + \left(\frac{2}{3}x\right)^2 - \left(\frac{1}{9}x^2 - \frac{1}{2}y\right)$ möglichst weitgehend.

b) Vereinfache den Term $T(a) = 3 - (1{,}1a - 3{,}5) \cdot (-4) + 2{,}7a$ möglichst weitgehend.

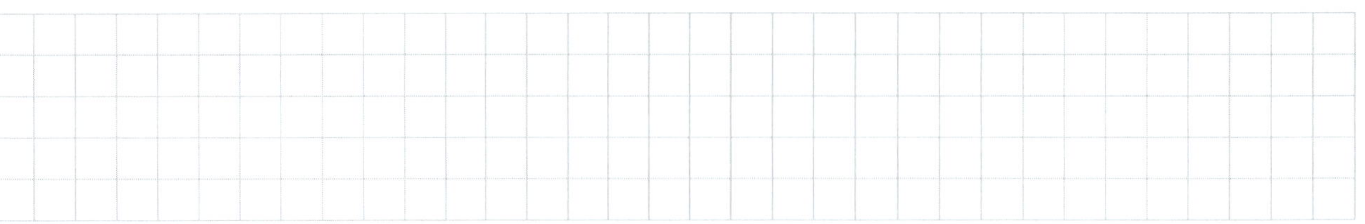

c) Klammere den Faktor 0,5b aus dem Term $T(a; b) = 3b^2 - \frac{11}{2}ab$ aus.

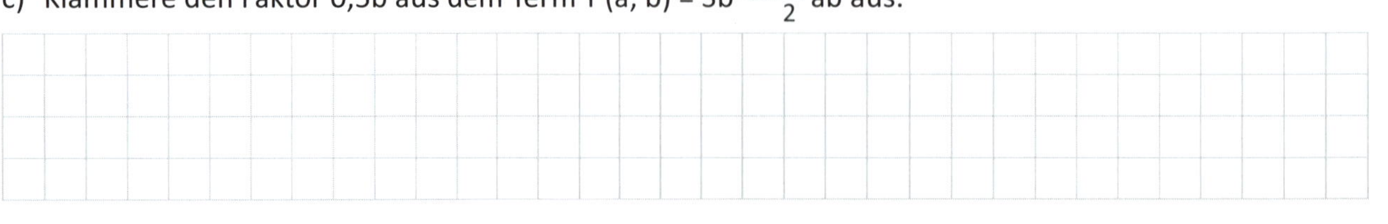

___ / 7

4

Es gilt $T(a) = a - (1 - a) = -1 + a$, denn wenn man 0 in den Term einsetzt, sind die Terme äquivalent.

Entscheide und begründe, ob Jonathan Recht hat.

____

____

____

____

___ / 2

5 Greta hat im Internet eine Bastelanleitung für eine sechseckige Schachtel gefunden.

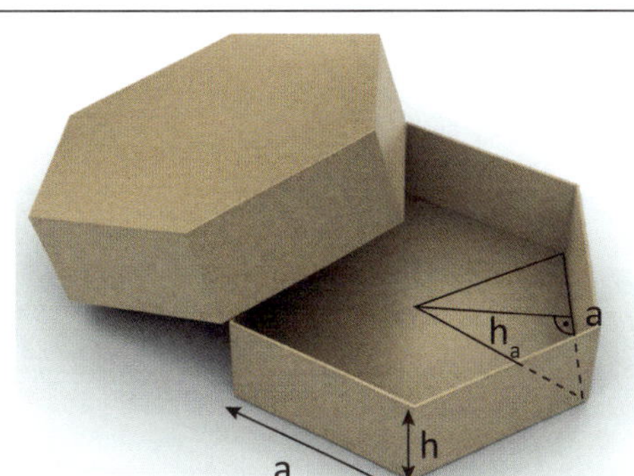

a) Gib einen Term an, mit dem Greta vorteilhaft die Mantelfläche der Schachtel (ohne Deckel) berechnen kann.

b) Stelle einen Term zur Berechnung des Flächeninhalts des Schachtelbodens auf und berechne den Flächeninhalt für a = 7,5 cm und h_a = 6,5 cm.

___ / 5

VIEL ERFOLG!

Schulaufgabe 4

40 min

NAME: ______________________ KLASSE: ______ DATUM: ____________

INSGESAMT ERREICHTE PUNKTE: ______ / 30

Note:

THEMA: Winkel an Doppelkreuzungen / Winkelsumme im Dreieck und Vieleck / Umformen von Termen / Aufstellen von Gleichungen

1 a) Berechne die Größe der eingezeichneten Winkel und begründe jeweils deine Überlegungen.

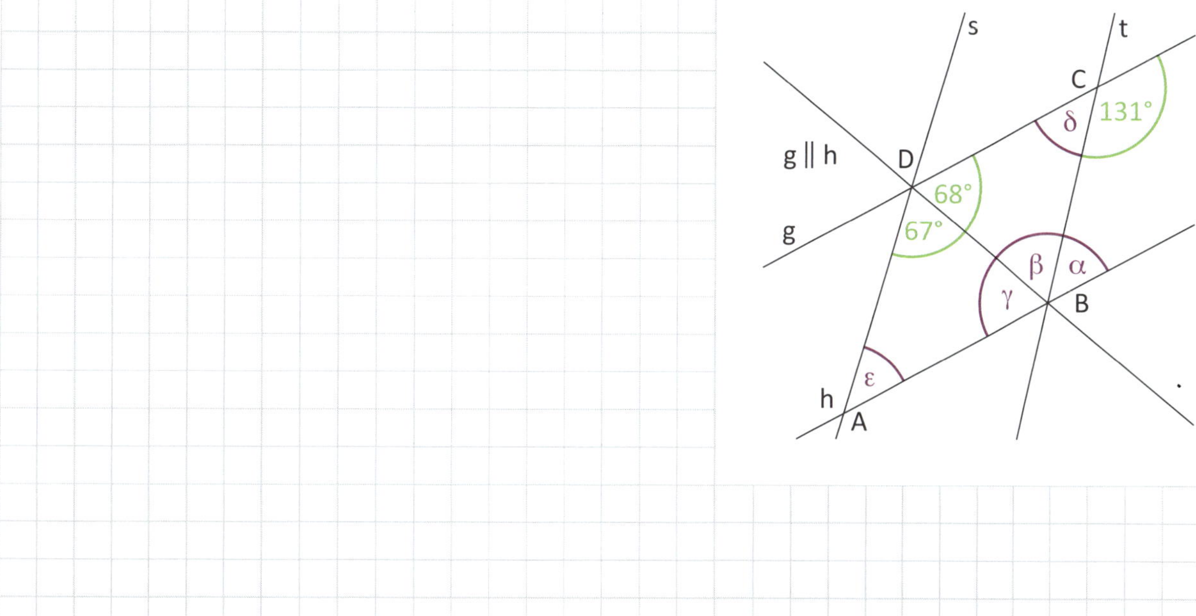

b) Begründe, dass das Viereck ABCD keine Raute ist.

____

____

____

____

___ / 9

2 Jonte behauptet, dass er das Fünfeck nur geschickt zerlegen muss, um mithilfe der Winkelsumme im Dreieck die Winkelsumme eines Fünfecks angeben zu können.
Zeichne Jontes Überlegungen in das Fünfeck ein und gib die Winkelsumme des Fünfecks an.

Winkelsumme im Fünfeck: ______________________________

___ / 2

3 a) Verwandle den Term $T(x; y) = (0{,}5x^2 - 4y)^2$ in eine Summe und vereinfache ihn. Gib die verwendete binomische Formel an.

b) Schreibe den Term $T(a; b) = 9a^2 - \frac{1}{4}b^2$ als Produkt, indem du eine binomische Formel anwendest.

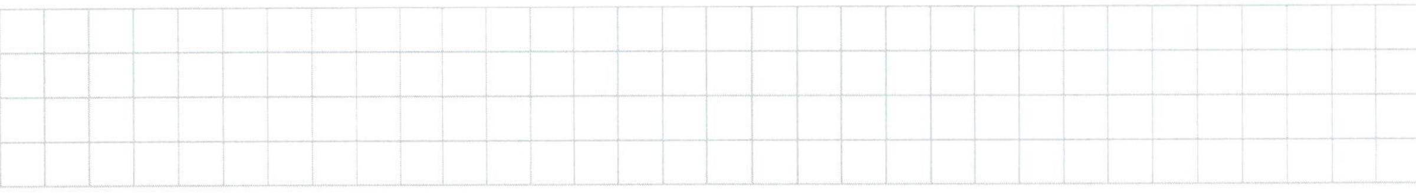

c) Gib die fehlenden Termglieder so an, dass eine wahre Aussage entsteht.

$T(s; t) = (3s + \square)^2 = \square + \square + 36t^2$

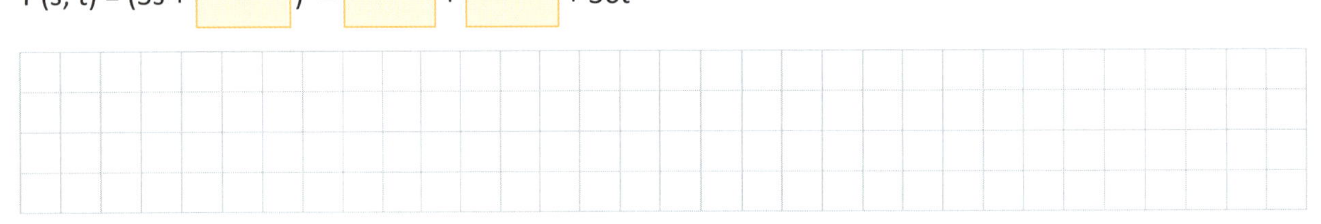

___ / 5

4 Die Schreinerei Moser betreibt eine Webseite, über die man sich individuelle Schranksysteme bestellen kann. Ein Schranksystem, das man vorauswählen kann, besitzt die Maße aus der nicht maßstabsgetreuen Abbildung.
Die Breite b muss man in Zentimeter eingeben.

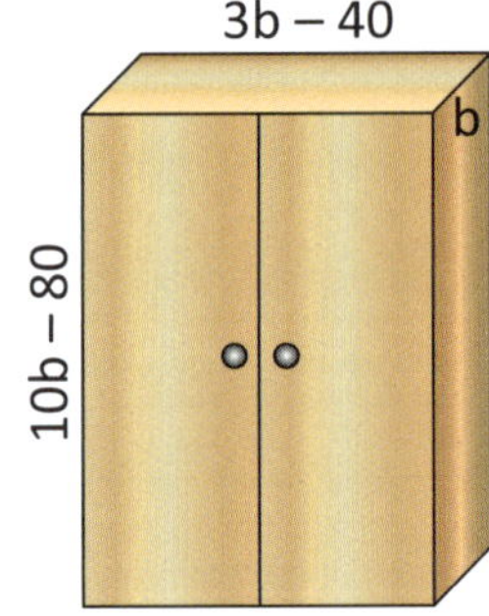

a) Begründe, dass auf der Webseite ein Fehler angezeigt wird, wenn man als Breite b = 10 cm auswählt.

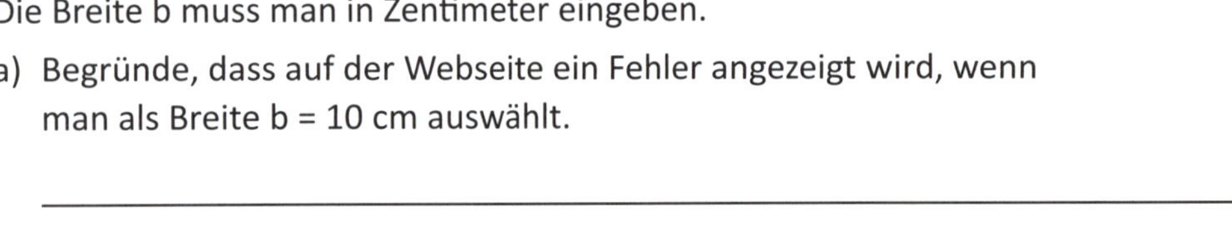

b) Stelle einen Term für den Oberflächeninhalt des Schrankes in Abhängigkeit von b auf und vereinfache ihn so weit wie möglich.

___ /

5 Die Variable x beschreibt die Masse in Kilogramm, mit welcher der Aufzughersteller pro Person rechnet. Kreuze an, welche Gleichung zum abgebildeten Schild passt.

- ☐ $x + 13 = 1000$
- ☐ $1000 - x = 13$
- ☐ $x \cdot 13 = 1000$
- ☐ $x \cdot 1000 = 13$
- ☐ $1000 - 13 = x$
- ☐ $13 : x = 1000$

___ / 1

6 Kreuze jeweils an, welche Aussage für die Gleichung richtig ist. Es gilt $G = \mathbb{Z}$.

Gleichung	Es gilt $L = \{\ \}$.	Es gilt $L = \mathbb{Z}$.	Eine Zahl aus G liefert eine wahre Aussage.
$2 \cdot x = 6$	☐	☐	☐
$x = -x \cdot (-1)$	☐	☐	☐
$x : 3 = 17$	☐	☐	☐
$4 : x = 0$	☐	☐	☐
$x^2 = 1$	☐	☐	☐
$x + 3 = 6 - (3 - x)$	☐	☐	☐

___ / 3

7 Entscheide und begründe ohne Rechnung, ob die Lösung der Gleichung $\frac{5}{16}x + \frac{3}{4} = -\frac{3}{7}$ eine positive oder eine negative Zahl ist.

___ / 2

VIEL ERFOLG!

Schulaufgabe 5

40 min

Name: ______________________ Klasse: _____ Datum: __________

Insgesamt erreichte Punkte: _____ / 30

Note:

Thema: Multiplizieren von Summen / Die binomischen Formeln
Lineare Gleichungen und Vertiefung der Prozentrechnung

1 Vereinfache den Term $T(x; y) = \frac{1}{4}(x - 2y)(x + 2y) - (0{,}25x + 4y)(x - y)$ möglichst weitgehend.

___ / 5

2 a) Zeichne ein Quadrat mit geeignet gewählter Seitenlänge, zerlege es dem Term $T(b) = (b - 1)^2$ entsprechend in vier Teilflächen und beschrifte die Skizze. Gib dann die vollständige binomische Formel an.

b)

Es gilt $T(a; b) = (a - b)^2 - a^2 - b^2 = 0$.

Entscheide und begründe, ob Liv Recht hat.

____

____

____

___ / 6

3 a) Ermittle rechnerisch die Lösungsmenge der Gleichung $5(x - 3) + 4{,}5x = \frac{x}{2}$ über der Grundmenge $\mathbb{Q}$.

b) Beschreibe, was man unter einer Äquivalenzumformung versteht, und gib ein Beispiel an.

___

___

___

___

___ / 6

4 Yul macht mit seiner Familie einen Ausflug in den Münchner Tierpark. Eine Karte für Erwachsene ist 2,5-mal so teuer wie eine Karte für Kinder. Die Familie müsste für zwei Erwachsene, Yul und seine beiden Brüder 48 € Eintritt zahlen.

a) Ermittle rechnerisch mithilfe einer Gleichung den Preis für eine Erwachsenen- bzw. eine Kinderkarte.

b) Berechne die Ersparnis der Familie in Prozent, wenn sie statt der Einzelkarten ein Familienticket für 33 € kauft.

___ / 6

5 Die Grafik zeigt, die Entwicklung der CO_2-Emissionen pro Einwohnerin bzw. Einwohner in Deutschland in den Jahren 2005 bis 2019.

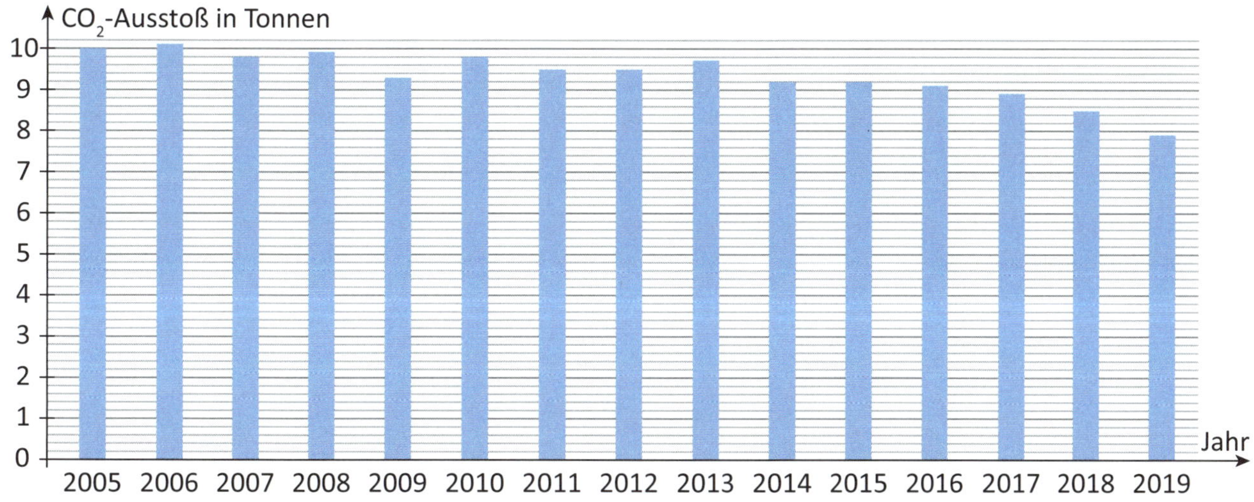

a) Bestimme rechnerisch den Abnahmefaktor des CO_2-Ausstoßes pro Einwohnerin bzw. Einwohner als Dezimalzahl, wenn das Jahr 2005 den Grundwert und das Jahr 2017 den Prozentwert bildet. Gib an, um viel Prozent der CO_2-Ausstoß pro Einwohnerin bzw. Einwohner gesunken ist.

b) Entscheide und begründe, ob die Aussage wahr ist.
Der Wachstumsfaktor vom Jahr 2005 hin zum Jahr 2006 besitzt den Wert 1,1.

c) Ermittle mithilfe des Dreisatzes den CO_2-Ausstoß in Tonnen, den jede Einwohnerin bzw. jeder Einwohner ausstoßen darf, wenn die CO_2-Emissionen im Jahr 2025 im Vergleich zu 2014 um 20 % verringert werden sollen.

d) Kreuze jeweils an, ob die Aussage wahr oder falsch ist oder ob du keine Aussage treffen kannst.

Aussage	wahr	falsch	keine Aussage möglich
Der CO_2-Ausstoß pro Einwohnerin bzw. Einwohner ist seit 2005 kontinuierlich gesunken.	☐	☐	☐
Der CO_2-Ausstoß von Erwachsenen ist höher als der von Kindern.	☐	☐	☐

___ / 7

VIEL ERFOLG!

Schulaufgabe 6

40 min

Name: ____________	Klasse: ____	Datum: ________	Insgesamt erreichte Punkte: ____ / 30
Thema: Äquivalenzumformungen / Gleichungen im Sachzusammenhang Vertiefung der Prozentrechnung / Kenngrößen von Daten			Note:

1 a) Kreuze jeweils an, welche Aussage für die Gleichung richtig ist.

Gleichung	Grundmenge	Es gilt L = { }.	Es gilt L = G.	Eine Zahl aus G liefert eine wahre Aussage.
$5 - x = -x + 1$	$G = \mathbb{Q}$	☐	☐	☐
$-\frac{1}{3}x = 6$	$G = \mathbb{Z}$	☐	☐	☐
$2(x + 3) + 1 = 2x + 7$	$G = \mathbb{N}_0$	☐	☐	☐
$3x + 5 = 3 - x$	$G = \mathbb{Q}^-$	☐	☐	☐

b) Ermittle die Lösungsmenge der Gleichung $\frac{5x - 1}{4} = 1{,}8x$ über der Grundmenge $G = \mathbb{Q}$ rechnerisch.

c) Beschreibe die beiden Fehler, die Hannah beim Umformen der Gleichung gemacht hat.

$6x - 14 = 111 + x \quad | -x + 14$
$5x = 95 \quad | :5$
$x = 95$
$L = \{95\}$

____

____

____

____

___ / 9

2 Gib jeweils den Wachstums- bzw. den Abnahmefaktor als Dezimalzahl an.

a) Preisminderung von 19 %

____

b) Wertsteigerung um 27 %

____

___ / 2

3 Der Bio-Kirschnektar der Firma Saftpresse besteht zu 45 % aus reinem Bio-Kirschsaft. Drei Liter Bio-Apfeldirektsaft (100 % Apfelsaft) werden mit dem Bio-Kirschnektar gemischt. Daraus entsteht eine Saftmischung, die zu 90 % aus reinem Fruchtsaft besteht. Berechne die für die Mischung verwendete Menge des Bio-Kirschnektars.

___ / 5

4 Das Jahr 2020 war das zweitwärmste Jahr in Deutschland seit Beginn der systematischen Wetteraufzeichnungen. Die Tabelle zeigt die Jahresmitteltemperaturen von fünf Bundesländern.

Bundesland	Jahresmitteltemperatur in °C
Bayern	9,5
Hessen	10,4
Nordrhein-Westfalen	11,1
Schleswig-Holstein	10,5
Thüringen	9,9

a) Berechne das arithmetische Mittel der Datenreihe und gib deren Median sowie Spannweite an.

b) Entscheide und begründe, ob die Aussage wahr ist.
Ergänzt man die Jahresmitteltemperatur (in °C) von Sachsen-Anhalt (11°C), so nimmt der Median genau diesen Wert an.

___ / 6

5 Beim Schulfest kann man am Stand der Klasse 7b Basketball-Freiwürfe werfen. Man darf zehn Mal werfen und erhält je nach Trefferanzahl unterschiedliche Preise. Im Diagramm ist für alle teilnehmenden Personen die Trefferanzahl dargestellt.

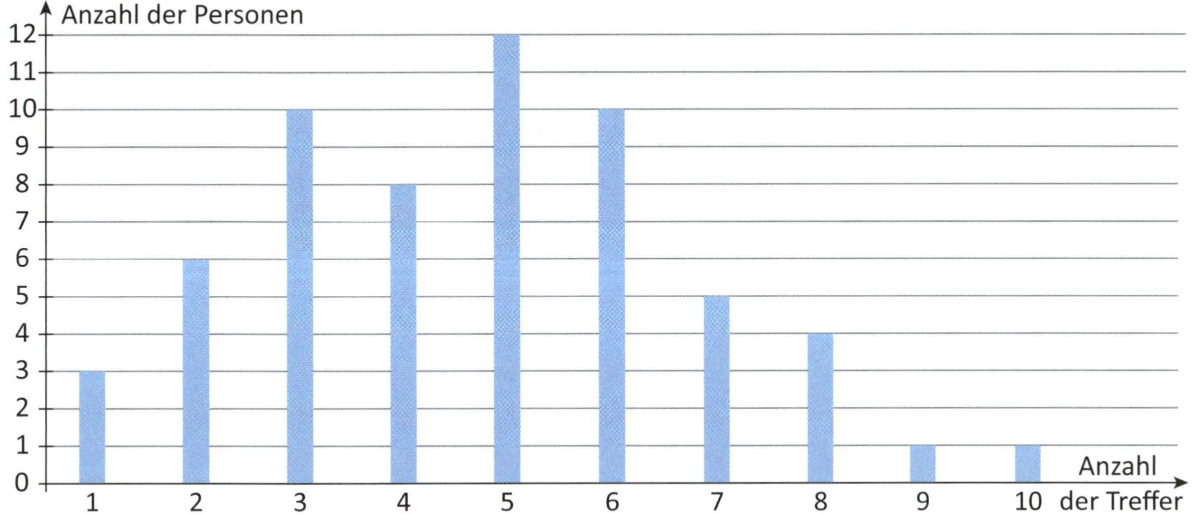

a) Ergänze die fehlenden Werte in der Tabelle.

Anzahl der teilnehmenden Personen	Spannweite	Median	Q_1

b) Berechne, wie viel Prozent der teilnehmenden Personen mehr als 7 Treffer erzielt haben.

c) Oskar hat zum Sachverhalt einen Boxplot erstellt. Beschreibe, welche Fehler er dabei gemacht hat.

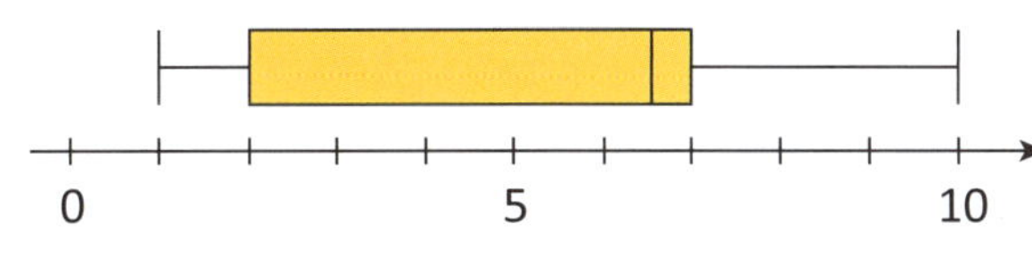

___ / 8

Viel Erfolg!

Schulaufgabe 7

40 min

Name: ______________________ Klasse: _____ Datum: __________

Insgesamt erreichte Punkte: _____ / 30

Note:

Thema: Kenngrößen von Daten / Kongruente Figuren / Kongruenzsätze für Dreiecke / Besondere Dreiecke / Rechtwinklige Dreiecke / Kreis und Gerade

1 In der Klasse 7b gab es eine Umfrage unter 15 Jungen zu ihrer durchschnittlichen täglichen Mediennutzung in Stunden: 6; 3; 1; 4; 2; 4; 5; 3; 3; 7; 5; 3; 2; 4; 5.

a) Stelle die Ergebnisse der Umfrage in einem Säulendiagramm dar.

b) Berechne das arithmetische Mittel und gib den Median der Datenreihe an.

c) Entscheide und begründe, ob Juri Recht hat.

___ / 10

2 Entscheide jeweils, ob die Aussage zu den Boxplots wahr ist. Berichtige falsche Aussagen.

	Aussage	wahr
1	Die Spannweiten der beiden Datenreihen sind gleich groß.	☐
2	Bei A liegen die Daten im oberen Quartil dichter als im unteren Quartil.	☐
3	Da die Box B nur halb so lang ist wie die Box A, liegen die mittleren 50 % von B dichter um den Median als bei A.	☐
4	Ungefähr ein Viertel der Daten haben bei A einen Wert, der kleiner oder gleich 5 ist.	☐

___ / 4

3 a) Ergänze die Bildfigur F' so, dass die Figuren F und F' zueinander kongruent sind.

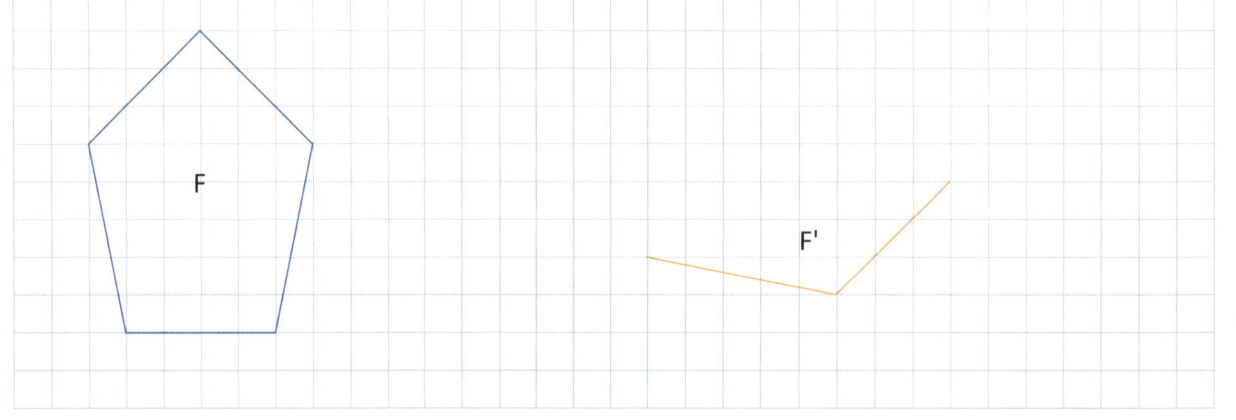

b) Entscheide und begründe, ob zwei gleichseitige Dreiecke immer zueinander kongruent sind.

___ / 4

4 a) Amaya hat ihr Vorgehen zur Konstruktion eines Dreiecks auf Kärtchen notiert. Bringe diese in die richtige Reihenfolge, in dem du sie mit den Ziffern 1-3 beschriftest, und benenne den zugehörigen Kongruenzsatz.

Planfigur

☐ Trage den Winkel δ an.

☐ E liegt auf einem Kreis um D mit Radius f und dem freien Schenkel des Winkels δ.

☐ Zeichne den Strahl mit Anfangspunkt F und trage die Strecke e ab.

Kongruenzsatz: ______________________________

b) Entscheide und begründe, ob man das Dreieck DEF (vgl. Planfigur Teilaufgabe a) aus den Bestimmungsstücken f = 9 cm, e = 6 cm und ε = 28° eindeutig konstruieren kann.

____

____

____

____

___ / 4

5 Gegeben ist die Strecke $\overline{AB}$. Konstruiere ein gleichschenkliges Trapez der Höhe h = 3 cm, dessen Eckpunkte C und D gleichzeitig auf dem Thaleskreis über der Grundlinie $\overline{AB}$ liegen.

A ———————— B

___ / 4

6 Mara hat auf dem Dachboden ihrer Großmutter einen alten Globus gefunden und blickt aus einem Meter Entfernung darauf. Ermittle durch Konstruktion, welchen Ausschnitt des Globus sie sehen kann.
Hinweis: Nutze den eingezeichneten Mittelpunkt M der Erdkugel.

Mara

___ / 4

Viel Erfolg!

Schulaufgabe 8

40 min

Name: ______________ Klasse: ______ Datum: ______________

Insgesamt erreichte Punkte: ______ / 30

Note:

Thema: Kongruenz, besondere Dreiecke und Dreieckskonstruktionen

1 a) Zerlege das Rechteck in vier kongruente Teilfiguren, die weder rechteckig noch quadratisch sind.

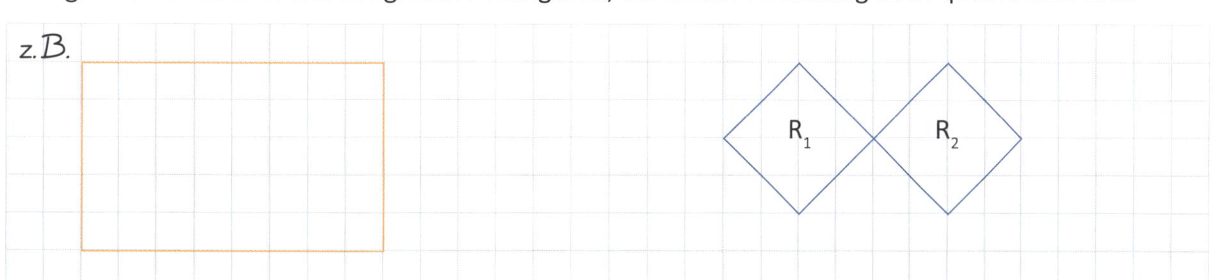

b) Begründe, weshalb die beiden Rauten R_1 und R_2 zueinander kongruent sind.

____

____

____

____

___ / 4

2 Von einem gleichschenkligen Dreieck ist bekannt, dass der Winkel an der Spitze 56° beträgt und die Basis 6 cm lang ist.

a) Konstruiere das Dreieck und beschreibe dein Vorgehen.

b) Ergänze den Satz.

Das Dreieck ist nach dem ______________________-Satz eindeutig konstruierbar.

___ / 6

3 a) Formuliere die Umkehrung des Satzes von Thales.

____

____

____

b) Beschreibe, welcher Zusammenhang zwischen dem Umkreis und dem Satz des Thales besteht.

____

____

____

c) Entscheide jeweils, ob die Aussage wahr oder falsch ist.

Aussage	wahr	falsch
Von einem Punkt innerhalb des Kreises kann man eine Tangente an den Kreis legen.	☐	☐
Zwei Kreise können vier gemeinsame Tangenten besitzen.	☐	☐
Eine Tangente steht im Berührpunkt senkrecht auf dem Berührradius.	☐	☐
Zwei Kreise besitzen immer mindestens eine gemeinsame Tangente.	☐	☐

___ / 6

4 Tayo hat eine Schatzkarte gefunden. Die Anweisung lautet, dass der Schatz genau denselben Abstand von der Tanne, der Höhle und dem Felsen besitzt. Konstruiere den mutmaßlichen Standort des Schatzes.

___ / 4

5 a) Entscheide und begründe, ob Maja Recht hat.

Ich habe den Höhenschnittpunkt eines Dreiecks ermittelt. Dieser liegt außerhalb des Dreiecks, also weiß ich, dass das Dreieck rechtwinklig ist.

b) Konstruiere ein Dreieck ABC aus den Bestimmungsstücken $b = 5{,}5$ cm, $h_b = 4$ cm, $\gamma = 55°$.

___ / 6

6 Gegeben sind die Dreiecke ABC, DEF und MNO. Benenne jeweils die besonderen Linien, die im Dreieck eingezeichnet sind, und gib jeweils – falls möglich – die Bedeutung des Schnittpunkts der Linien an.

C K A B F T D E O Q M N

___ / 4

VIEL ERFOLG!